Julian Stey

Mathematikunterricht mit Flüchtlingskindern 5–7

Arbeitsblätter mit darauf abgestimmten Wortschatzkarten:
Sofort-Hilfe für Lehrer ohne DaZ-Kenntnisse

5. Auflage 2023

Autor*innen: Julian Stey
Covergestaltung: annette forsch konzeption und design, Berlin
Coverillustration: Steffen Jähde
Illustrationen: Steffen Jähde
Satz: Satzpunkt Ursula Ewert GmbH, Bayreuth
Druck und Bindung: Korrekt Nyomdaipari Kft., Budapest
ISBN 978-3-403-**07912**-5

www.auer-verlag.de

Inhaltsverzeichnis

Flüchtlingskinder, die nach dem Besuch der Vorbereitungsklasse auf die Regelklassen verteilt werden, sollen möglichst sofort in das Unterrichtsgeschehen mit einbezogen werden.

Sie sollen
- Freude am Zuhören und Mitsprechen sowie am Lesen und Schreiben in der Zweitsprache entwickeln,
- die deutsche Standardsprache immer besser verstehen können (zuerst nur Gesprochenes, dann auch Geschriebenes),
- sich zunehmend differenziert in deutscher Standardsprache verständigen bzw. sich am Unterricht beteiligen können: zuerst nur mündlich, dann auch schriftlich,
- unter Wahrung ihrer sprachlichen und kulturellen Identität in die neue Sprach- und Kulturgemeinschaft als aktives Mitglied hineinwachsen.

Die Kopiervorlagen in diesem Band richten sich an Schüler[1], deren **Muttersprache nicht Deutsch** ist. Sie zielen darauf ab, die Sprachkompetenz dieser Schüler zu erweitern und sie bestmöglich in ihrem mündlichen und schriftlichen Sprachgebrauch zu fördern. Damit wird gleichzeitig die Integration in der Lerngruppe erleichtert.

Die Schüler sollen inhaltlich klar umrissene **fachspezifische Themenfelder** aus den Kerncurricula erarbeiten. Die vorliegenden Materialien sind somit nicht nur für den DaZ-Unterricht, sondern primär für den **Fachunterricht** geeignet. Damit lernen die Schüler die fachlichen Inhalte und verbessern gleichzeitig ihre Deutschkenntnisse. Weiterhin müssen die Schüler nicht separate Inhalte lernen, sondern erschließen sich die gleichen Kompetenzen wie ihre deutschsprachigen Mitschüler. Flüchtlingskinder werden also im Fachunterricht „mitgenommen" und eine Teilhabe am Unterricht wird ermöglicht, was wiederum zu ihrer Integration beiträgt.

Jedes Kapitel ist gleich aufgebaut: Es enthält eine Seite mit Wortschatzkarten, die das unbekannte Vokabular der Arbeitsblätter mittels Bildern und englischer Übersetzungen einführen, sowie zwei bis vier Arbeitsblätter in unterschiedlichen sprachlichen und inhaltlichen Differenzierungsstufen. Damit wird ermöglicht, dass die Schüler am gleichen Thema auf unterschiedlichem Sprachniveau arbeiten können.

Eine aufwendige didaktische Aufarbeitung des Unterrichtsstoffs entfällt hiermit. Die sich im Buch befindlichen Materialien können schnell, einfach und effizient von der Lehrkraft genutzt werden.

[1] Aufgrund der besseren Lesbarkeit ist mit Schüler auch immer Schülerin gemeint, ebenso verhält es sich bei Lehrer und Lehrerin etc.

Jedes Thema besteht aus zwei bis vier Arbeitsblättern. Diese wurden sowohl sprachlich als auch qualitativ und quantitativ differenziert konzipiert.

Das **einfachere Arbeitsblatt** ist vor allem für Schüler geeignet, die die deutsche Sprache noch in sehr geringem Maß bzw. gar nicht beherrschen. Das **anspruchsvollere Arbeitsblatt** ist für diejenigen gedacht, die schon etwas besser Deutsch können. Beide enthalten eindeutige Bilder, Begriffshilfen und leichte Sprache für ein barrierefreies Erschließen von Texten[1]. Die Sätze sind verhältnismäßig kurz, jede Aufgabenstellung enthält möglichst nur einen Inhalt, abstrakte Begriffe werden vermieden.

Um den Schülern das Erschließen der Inhalte und das Erledigen der Arbeitsaufträge zu erleichtern, werden zahlreiche Begriffe, die in den Arbeitsblättern verwendet werden, mithilfe von **Wortschatzkarten** erklärt. Auf diesen Karten befinden sich das deutsche Wort (Verb, Adjektiv bzw. Nomen), dessen englische Übersetzung und ein passendes Bild. Verben werden in der Regel im Infinitiv und im Imperativ dargestellt, bei Nomen werden Einzahl und Mehrzahl genannt.

Insgesamt werden drei verschiedene Wortschatzarten angeboten. Der **Schulwortschatz** enthält elementare Basiswörter, die benötigt werden, um sich im Umfeld Schule sprachlich zurechtzufinden. Des Weiteren gibt es den **Fachwortschatz**. Dort werden alle grundlegenden Wörter, die für das Fach relevant sind, entsprechend dem oben erwähnten Muster abgebildet. Dieser wird ergänzt durch den **Themenwortschatz**, der sich speziell auf das jeweilige Thema bezieht. Die Wortschatzkarten sollten ausgeschnitten und in Karteikästen gesammelt werden, sodass die Schüler die Wörter jederzeit wiederholen und nachschlagen können.

Werden in den Arbeitsblättern den Schülern unbekannte Wörter genannt, sind sie entsprechend gekennzeichnet und können mithilfe der Wortschatzkarten nachgeschlagen werden. Zur Unterscheidung der drei Wortschatzarten werden alle Wörter, die im Schulwortschatz nachzuschlagen sind, mit unterbrochener Unterstreichung markiert. Ist ein Wort durchgehend unterstrichen, so findet man es im Fachwortschatz oder im Themenwortschatz. Selbstverständlich werden die unbekannten Wörter auch in den Lösungen entsprechend ausgewiesen, sodass die Schüler auch an dieser Stelle die Möglichkeit erhalten, fachlichen Inhalt und sprachliche Kenntnisse zu vertiefen.

Auf den Wortschatzkarten sind alle Begriffe alphabetisch sortiert. Sind im Arbeitsblatt Verben durch Konjugation im Vergleich zum dazugehörigen Infinitiv sehr stark verändert (z. B. „miss“ und „messen“), wird in Klammern auf den Infinitiv verwiesen, um das Auffinden in den Wortschatzkarten zu erleichtern.

[1] In Anlehnung an die Europäischen Richtlinien für leichte Lesbarkeit

Das vorliegende Werk orientiert sich an den Lehrplänen und curricularen Vorgaben sowie an den gängigen Schulwerken. Es werden damit möglichst viele Inhalte des Mathematikunterrichts in den Jahrgangsstufen 5–7 abgedeckt. Es soll den Lehrern eine wertvolle Hilfe sein, Lernenden nicht deutscher Herkunft den Unterrichtsstoff der Lerngruppe zu vermitteln und gleichzeitig die sprachlichen Kompetenzen zu fördern.

Die Arbeitsblätter sowie die Wortschatzkarten sollen den Lehrern als Unterstützung dienen, Schüler, die Schwierigkeiten mit der deutschen Sprache haben, in den Mathematikunterricht einbinden zu können. Durch die Arbeit mit den unterschiedlichen Aufgabenformaten erlernen diese dabei einerseits die im Mathematikunterricht notwendigen Fachbegriffe, andererseits die erforderlichen Inhalte.

Für jedes Thema gibt es jeweils zwei differenzierte Arbeitsblätter, denen ein gemeinsamer Wortschatz zugrunde liegt. Die Arbeitsblätter sind in ihrer Schwierigkeit sowohl nach dem sprachlichen Niveau als auch hinsichtlich der kognitiven Aktivierung differenziert gestaltet. Somit kann die Mitwirkung der Schüler mit geringen Deutschkenntnissen im regulären Unterricht den individuellen Voraussetzungen und Bedürfnissen der Lernenden angepasst werden.

Dabei sollte nicht außer Acht gelassen werden, dass eine Sprache nur über ein verbales Vorbild erlernt werden kann. Es ist also unerlässlich, die Schüler direkt anzusprechen bzw. sie mit Schülern der Klasse gemeinsam arbeiten – und sprechen – zu lassen.

Es wurde Wert darauf gelegt, dass die Formate vielfach durch Icons erläutert werden und sich die Aufgabentypen wiederholen, um eine Wiedererkennung zu ermöglichen und selbstständiges Arbeiten zu erleichtern.
Häufig findet sich zu Beginn eines neuen Themas ein Informationstext, in dem auf einfachem Sprachniveau die wichtigsten Sachverhalte erläutert werden.

Bei der Erstellung der Arbeitsmaterialien wurden vor allem folgende Unterrichtsprinzipien zugrunde gelegt:

- **Prinzip der Differenzierung**
  Die Arbeitsblätter in zwei Niveaustufen sind unterschiedlich einsetzbar:
  - Als qualitative Differenzierung: Für leistungsschwächere Schüler ist Niveaustufe 1 gedacht, für leistungsstärkere Niveaustufe 2.
  - Als quantitative Differenzierung: Für leistungsschwächere Lernende kann der Umfang vieler Aufgaben ohne Weiteres reduziert werden, indem sie z. B. nur einen Teil eines Arbeitsblatts bearbeiten. Leistungsstärkere hingegen können zuerst das Aufgabenniveau 1 und später das Aufgabenniveau 2 bearbeiten. Dabei wird ein Teil der Aufgaben Wiederholung sein, um die erlernten Worte zu vertiefen und zu sichern, ein weiterer Teil ist Transferleistung, Verknüpfung oder weiterführende Arbeit.

- **Prinzip der Selbsttätigkeit/Aktivierung**
  Den Lernenden soll die Gelegenheit gegeben werden, einen Sachverhalt mithilfe ihrer individuellen Lern- und Handlungsmöglichkeiten zu bearbeiten, damit sie dabei ihre Selbstständigkeit und Selbstbestimmung entwickeln können. Es wurden daher häufiger Bastel- und Legeformate gewählt, um die Schüler möglichst mit allen Sinnen zum einen selbsttätig agieren zu lassen und zum anderen deren Motivation zu fördern.

Für Lerner mit geringen Sprachkenntnissen ist hierbei aber eine ständige Begleitung durch die Lehrkraft und/oder Mitschüler notwendig (z. B. um die Aussprache zu üben oder um Farbgebungen zu erläutern).

- **Prinzip der Anschaulichkeit**
  Schon durch den Einsatz der Bilder wird der Zielgruppe der Inhalt verdeutlicht. Wir haben aber daneben vielfach Aufgaben gewählt, die den Lerninhalt über eine weitere Darstellungsebene veranschaulichen sollen, sodass dieser den Lernenden auch sinnlich erfassbar gemacht wird.

Methodisch haben wir uns ebenfalls an den in den Schulbüchern gängigen Aufgabenformaten orientiert. Wichtig bei der Methodenwahl war uns, dass die Schüler für sich selbst arbeiten und dass auch vielfach Verknüpfungen zur Klasse hergestellt werden können.

Die Lösungen zu den jeweiligen Arbeitsblättern sind sowohl als Hilfe für die Lehrkraft als auch zur Selbstkontrolle geeignet.

Wir wünschen Ihnen viel Erfolg und hoffen, Sie in Ihrer Arbeit mit den Schülern, die über geringe Deutschkenntnisse verfügen, unterstützen zu können.

Julian Stey

Schulwortschatz

ankreuzen kreuze an! *to tick*		das Ankreuzen – *ticking*

Schulwortschatz

anmalen male an! *to colour*		das Anmalen – *colouring*

Schulwortschatz

		die Aufgabe die Aufgaben *the task*

Schulwortschatz

aufstehen steh auf! *to stand up*		das Aufstehen – *standing up*

Schulwortschatz

		die Aula die Aulen/Aulas *the assembly hall*

Schulwortschatz

ausschneiden schneide aus! *to cut out*		das Ausschneiden – *cutting out*

Schulwortschatz

beantworten beantworte! *to answer*		die Beantwortung die Beantwortungen *the answer*

Schulwortschatz

		das Beispiel die Beispiele *the example*

Schulwortschatz

beschreiben beschreibe! *to describe*		die Beschreibung die Beschreibungen *the description*

Schulwortschatz

beschriften beschrifte! *to label*		die Beschriftung die Beschriftungen *the label*

Schulwortschatz

Schulwortschatz		
betrachten betrachte! *to examine*		die Betrachtung die Betrachtungen *the examination*

Schulwortschatz		
	bildlich *pictorial*	**das Bild** die Bilder *the picture*

Schulwortschatz		
		der Bleistift die Bleistifte *the pencil*

Schulwortschatz		
		der Block die Blöcke *the notepad*

Schulwortschatz		
		das Buch die Bücher *the book*

Schulwortschatz		
buchstabieren buchstabiere! *to spell*		**der Buchstabe** die Buchstaben *the letter*

Schulwortschatz		
		der Buntstift die Buntstifte *the coloured pencil*

Schulwortschatz		
		das Datum – *the date*

Schulwortschatz		
durchstreichen streiche durch! *to cross out*		das Durchstreichen – *crossing out*

Schulwortschatz		
erklären erkläre! *to explain*		die Erklärung die Erklärungen *the explanation*

Schulwortschatz

	falsch *wrong*	das Falsche – *the wrong answer*

1 + 1 = 3 f

Schulwortschatz

		das Fenster die Fenster *the window*

Schulwortschatz

fragen frage! *to ask*		die Frage die Fragen *the question*

Schulwortschatz

füllen fülle! *to fill*		**der Füller** die Füller *the ink pen*

Schulwortschatz

		der Hausmeister/ **die Hausmeisterin** die Hausmeister/-innen *the caretaker*

Schulwortschatz

		das Heft die Hefte *the exercise book*

Schulwortschatz

helfen hilf! *to help*		die Hilfe die Hilfen *the help*

Schulwortschatz

(sich) hinsetzen setze dich hin! *to sit down*		das Hinsetzen – *sitting down*

Schulwortschatz

hören höre! *to hear*		das Hören – *hearing*

Schulwortschatz

		das Kästchen die Kästchen *the box*

Schreibe das Wort in das ☐.

Schulwortschatz

Schulwortschatz

		das Klassenzimmer die Klassenzimmer *the classroom*

Schulwortschatz

lehren lehre! *to teach*		**der Lehrer/die Lehrerin** die Lehrer/-innen *the teacher*

Schulwortschatz

		das Lehrerzimmer die Lehrerzimmer *the teacher's room*

Schulwortschatz

	leicht *easy*	

1+1=2

Schulwortschatz

lernen lerne! *to learn*		das Lernen – *learning*

Schulwortschatz

lesen lies! *to read*		das Lesen – *reading*

Schulwortschatz

		das Lineal die Lineale *the ruler*

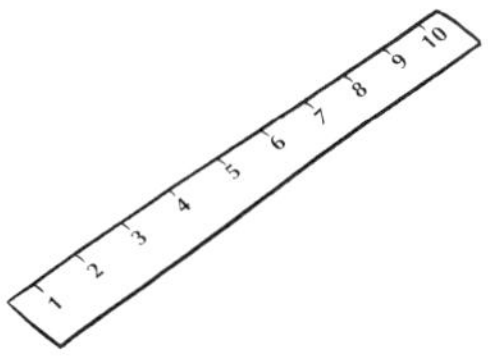

Schulwortschatz

		die Lücke die Lücken *the gap*

Fülle die ____________ aus.

Schulwortschatz

		das Mäppchen die Mäppchen *the pencil case*

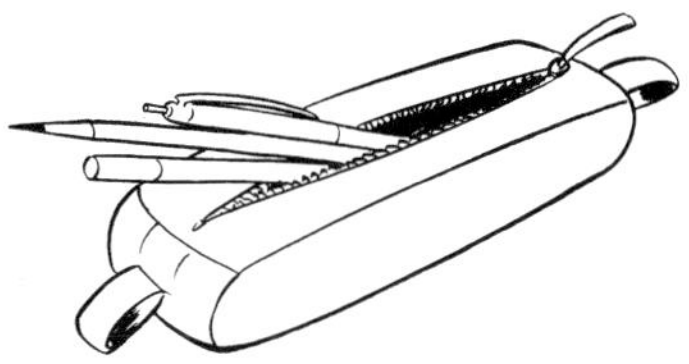

Schulwortschatz

markieren markiere! *to highlight*		die Markierung die Markierungen *the highlight*

Schulwortschatz

Schulwortschatz

nennen nenne! *to name*		das Nennen – *the naming*

Schulwortschatz

ordnen ordne! *to order*		die Ordnung – *the order*

Schulwortschatz

		der Ordner die Ordner *the file*

Schulwortschatz

		der Papierkorb die Papierkörbe *the waste paper basket*

Schulwortschatz

		die Pause die Pausen *the break*

	Montag	Dienstag
8:00-8:45	Deutsch	Mathematik
8:45-9:30	Deutsch	Englisch
9:30-9:50		
9:50-10:35	Englisch	Deutsch

Schulwortschatz

		der Pausenhof die Pausenhöfe *the schoolyard*

Schulwortschatz

radieren radiere! *to rub out*		**der Radiergummi** die Radiergummis *the rubber*

Schulwortschatz

rechnen rechne! *to count*		die Rechnung die Rechnungen *the bill*

Schulwortschatz

		die Reihenfolge die Reihenfolgen *the order*

1 ➡ 2 ➡ 3 ➡ 4 ➡ 5 ➡ …

Schulwortschatz

	richtig *right*	das Richtige – *the right answer*

1 + 1 = 2 ✓

Schulwortschatz

		die Schere die Scheren *the scissors*

Schulwortschatz

schreiben schreibe! *to write*		das Schreiben – *writing*

Schulwortschatz

		der Schulleiter/ **die Schulleiterin** die Schulleiter/-innen *the head teacher*

Schulwortschatz

	schwer *difficult*	

$$\int_a^b f(x)dx = F(b) - F(a)$$

Schulwortschatz

sehen sieh! *to see*		das Sehen – *seeing*

Schulwortschatz

		das Sekretariat die Sekretariate *the school office*

Schulwortschatz

spielen spiele! *to play*		das Spiel die Spiele *the game*

Schulwortschatz

spitzen spitze! *to sharpen*	spitz *sharp*	**der Spitzer** die Spitzer *the pencil sharpener*

Schulwortschatz

sprechen sprich! *to speak*		das Sprechen – *speaking*

Schulwortschatz

		der Stift die Stifte *the pen*

Schulwortschatz

Schulwortschatz

		der Stuhl die Stühle *the chair*

Schulwortschatz

suchen suche! *to search*		die Suche die Suchen *the search*

Schulwortschatz

		die Tabelle die Tabellen *the table*

falsch	richtig

Schulwortschatz

		die Tafel die Tafeln *the blackboard*

Schulwortschatz

		die Tasche die Taschen *the bag*

Schulwortschatz

		der Textmarker die Textmarker *the highlighter*

TEXTMARKER

Schulwortschatz

		der Tisch die Tische *the table*

Schulwortschatz

überlegen überlege! *to consider*		die Überlegung die Überlegungen *the consideration*

Schulwortschatz

überprüfen überprüfe! *to check*		die Überprüfung die Überprüfungen *the check*

Schulwortschatz

übersetzen übersetze! *to translate*		die Übersetzung die Übersetzungen *the translation*

Schulwortschatz

Schulwortschatz

		die Uhr die Uhren *the clock*

Schulwortschatz

verbinden verbinde! *to connect*		die Verbindung die Verbindungen *the connection*

Schulwortschatz

wiederholen wiederhole! *to repeat*		die Wiederholung die Wiederholungen *the repetition*

Schulwortschatz

		das Wort die Wörter *the word*

Schulwortschatz

		das Wörterbuch die Wörterbücher *the dictionary*

Schulwortschatz

zählen zähle! *to count*		**die Zahl** die Zahlen *the number*

Schulwortschatz

zeichnen zeichne! *to draw*		die Zeichnung die Zeichnungen *the drawing*

Schulwortschatz

zeigen zeige! *to show*		das Zeigen – *showing*

Schulwortschatz

	zeitlich *temporal*	**die Zeit** die Zeiten *the time*

Schulwortschatz

zuordnen ordne zu! *to match*		die Zuordnung die Zuordnungen *the matching*

Fachwortschatz Mathematik		
addieren addiere! *to add up*		die Addition die Additionen *the addition*

$$8 + 14 = 22$$

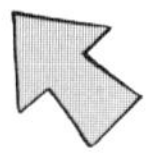

Fachwortschatz Mathematik		
		der Anteil die Anteile *the percentage share*

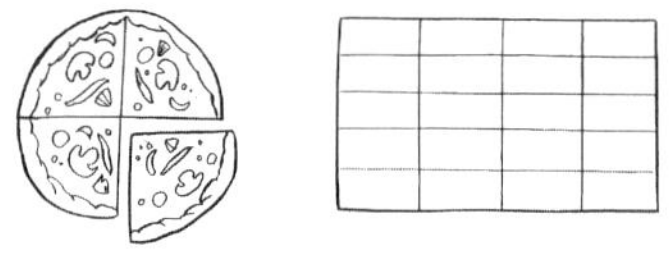

$$\text{Anteil} = \frac{1}{4} \qquad \frac{20}{20} = 1$$

Fachwortschatz Mathematik		
		die Anzahl die Anzahlen the number

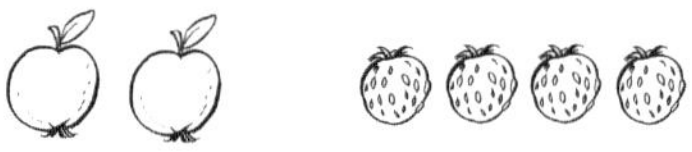

2 4

Fachwortschatz Mathematik		
brechen brich! *to break*		**der Bruch** die Brüche *the fraction*

$$\frac{1}{2}$$

Fachwortschatz Mathematik		
		die Dezimalzahl die Dezimalzahlen *the decimal number*

3,41

Fachwortschatz Mathematik		
		das Diagramm die Diagramme *the diagramm*

Fachwortschatz Mathematik		
dividieren dividiere! *to divide*		die Division die Divisionen *the division*

$$15 : 5 = 3$$

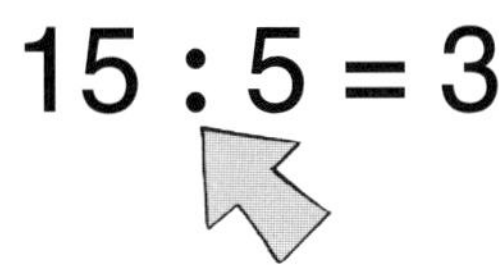

Fachwortschatz Mathematik		
		der Dreisatz die Dreisätze *the rule of three*

	Anzahl der Brötchen	Preis in Euro (€)	
: 3	3	0,75	: 3
· 7	1	0,25	· 7
	7	1,75	

Fachwortschatz Mathematik		
		der Einer die Einer *the single digits*

Zahl: 2353

Tausender	Hunderter	Zehner	**Einer**
2	3	5	3

Fachwortschatz Mathematik		
		die Einheit die Einheiten *the unit*

23 cm 6,7 km 14 mm 3 m

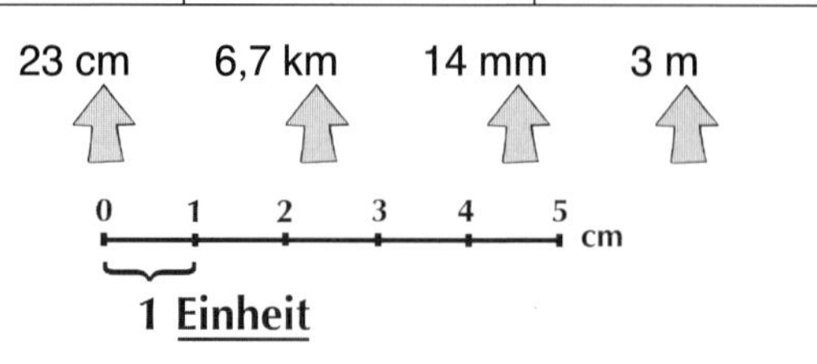

Fachwortschatz Mathematik

essen iss! *to eat*		das Essen die Essen *the food*

Fachwortschatz Mathematik

		die Fläche die Flächen *the area*

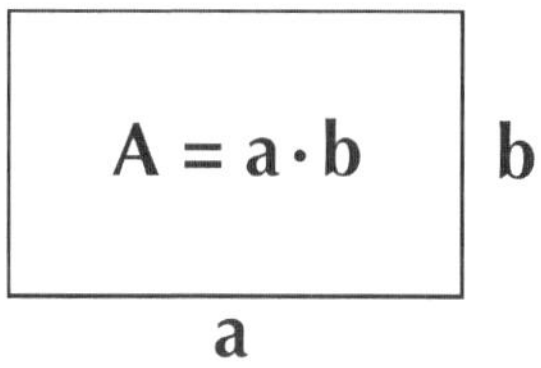

$A = a \cdot b$ b a

Fachwortschatz Mathematik

	ganz *whole*	das Ganze die Ganzen *the whole*

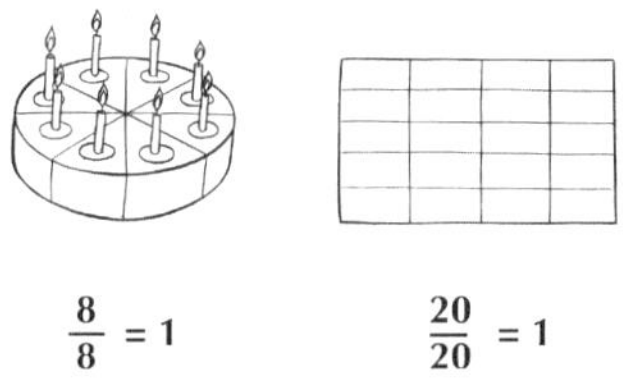

$\frac{8}{8} = 1$ $\frac{20}{20} = 1$

Fachwortschatz Mathematik

		das Geld die Gelder *the money*

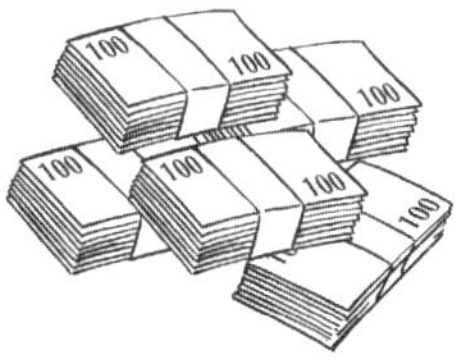

Fachwortschatz Mathematik

		das Geodreieck die Geodreiecke *the set square*

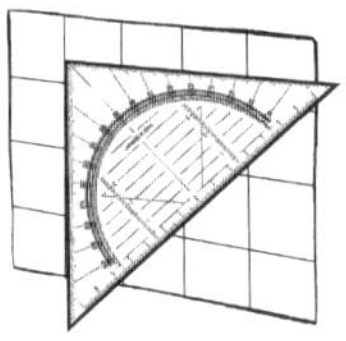

Fachwortschatz Mathematik

gewichten gewichte! *to weight*	gewichtig *weighty*	**das Gewicht** die Gewichte *the weight*

250 g

Fachwortschatz Mathematik

		die Gewichtseinheit die Gewichtseinheiten *the weight unit*

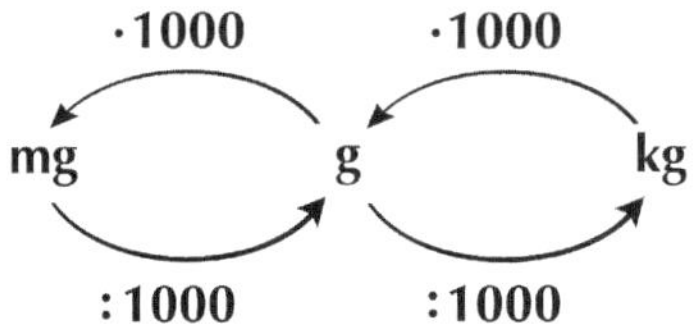

·1000 ·1000
mg g kg
:1000 :1000

Fachwortschatz Mathematik

		der Grad die Grade *the degree*

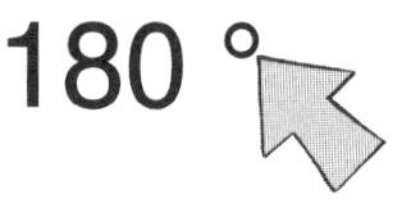

180 °

Fachwortschatz Mathematik

	groß *big*	**die Größe** die Größen *the dimensions*

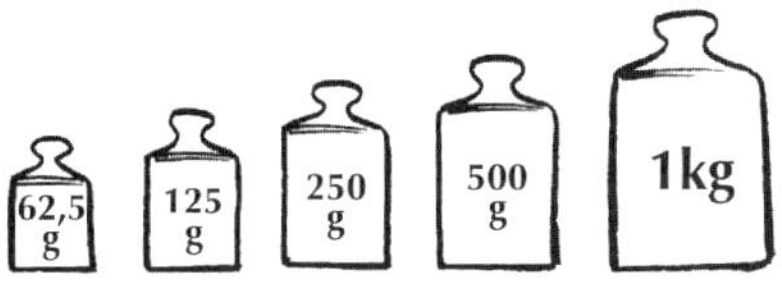

62,5 g 125 g 250 g 500 g 1kg

Fachwortschatz Mathematik

	größer als *greater than*	

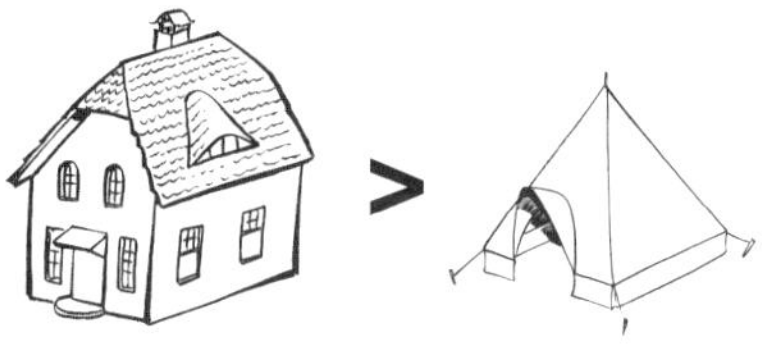

>

Fachwortschatz

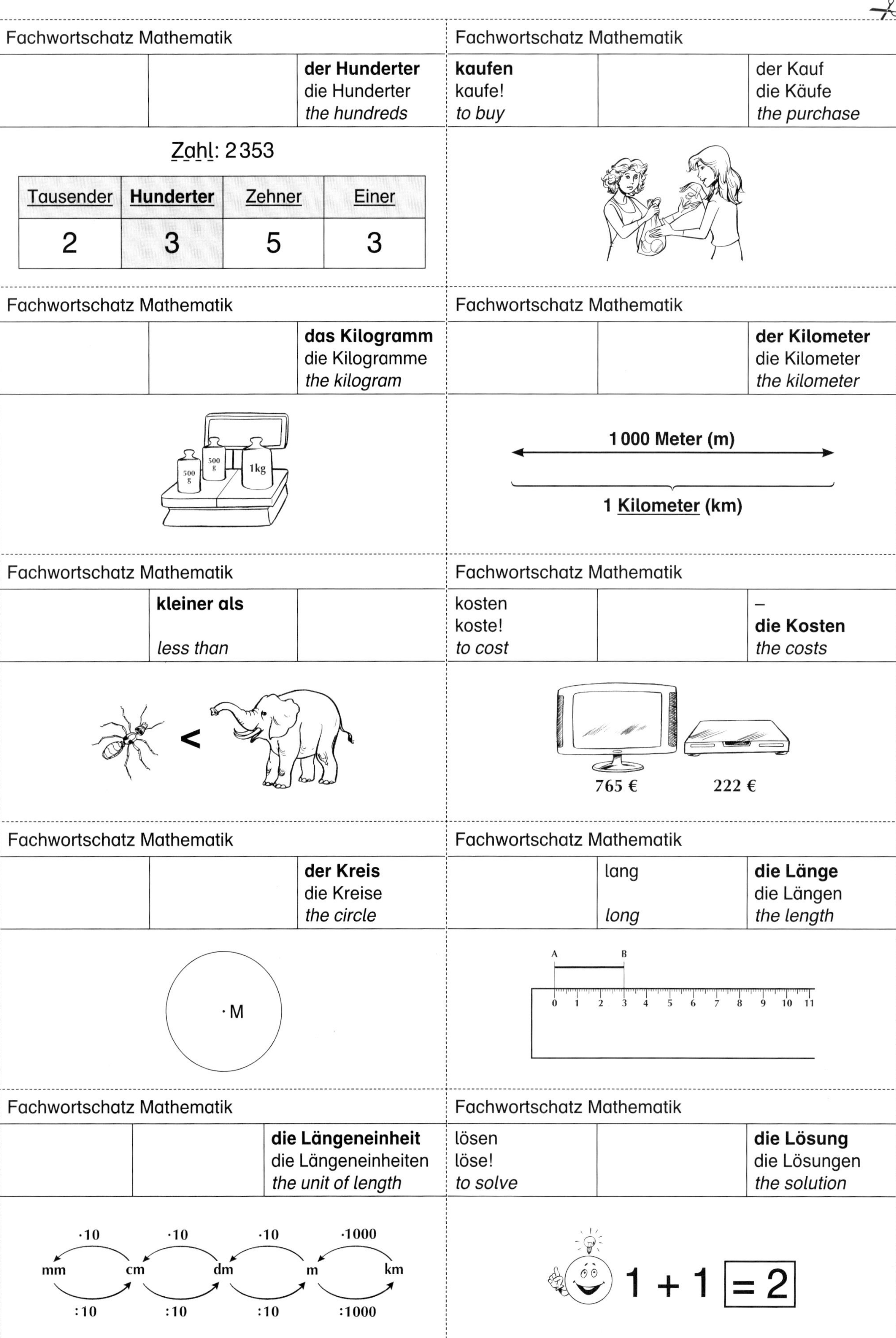

Fachwortschatz Mathematik		
		der Hunderter die Hunderter *the hundreds*

Zahl: 2353

Tausender	**Hunderter**	Zehner	Einer
2	3	5	3

Fachwortschatz Mathematik		
kaufen kaufe! *to buy*		der Kauf die Käufe *the purchase*

Fachwortschatz Mathematik		
		das Kilogramm die Kilogramme *the kilogram*

Fachwortschatz Mathematik		
		der Kilometer die Kilometer *the kilometer*

Fachwortschatz Mathematik		
	kleiner als *less than*	

Fachwortschatz Mathematik		
kosten koste! *to cost*		– **die Kosten** *the costs*

Fachwortschatz Mathematik		
		der Kreis die Kreise *the circle*

Fachwortschatz Mathematik		
	lang *long*	**die Länge** die Längen *the length*

Fachwortschatz Mathematik		
		die Längeneinheit die Längeneinheiten *the unit of length*

Fachwortschatz Mathematik		
lösen löse! *to solve*		**die Lösung** die Lösungen *the solution*

Fachwortschatz

Fachwortschatz Mathematik

		die Maßzahl die Maßzahlen *the measure number*

23 cm 6,7 km 14 mm

30 min 7 h 4 sec

Fachwortschatz Mathematik

messen miss! *to measure*		die Messung die Messungen *the measurement*

Fachwortschatz Mathematik

		der Mittelwert die Mittelwerte *the average*

Klausur
Durchschnitt
∅ 2,4

Fachwortschatz Mathematik

multiplizieren multipliziere! *to multiply*		die Multiplikation die Multiplikationen *the multiplication*

$$3 \cdot 7 = 21$$

Fachwortschatz Mathematik

	negativ *negative*	

-20°

Fachwortschatz Mathematik

		der Pfeil die Pfeile *the arrow*

Fachwortschatz Mathematik

	positiv *positive*	

35 °C

Fachwortschatz Mathematik

		der Preis die Preise *the price*

7,50 €

Fachwortschatz Mathematik

	proportional *proportional*	die Proportionalität die Proportionalitäten *the proportionality*

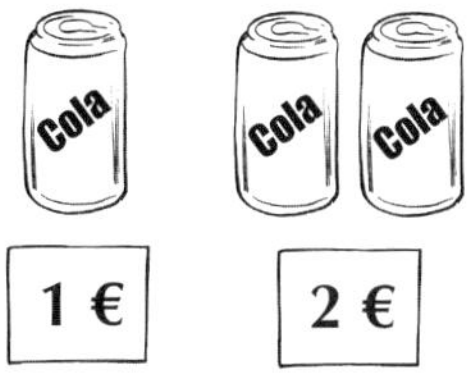

Cola Cola Cola

1 € 2 €

Fachwortschatz Mathematik

		das Prozent die Prozente *the percent*

$$\frac{3}{100} = 3\ \%$$

Fachwortschatz Mathematik

		das Rechenzeichen die Rechenzeichen *the arithmetic operator*

3 + 4 = 7
6 – 2 = 4
4 · 5 = 20
49 : 7 = 7

Fachwortschatz Mathematik

		das Rechteck die Rechtecke *the rectangle*

D c C
d b
A a B

Fachwortschatz Mathematik

regeln regele! *to regulate*		**die Regel** die Regeln *the rule*

!
Regel

Fachwortschatz Mathematik

	schriftlich *written*	die Schrift die Schriften *the writing*

Fachwortschatz Mathematik

		die Strecke die Strecken *the line segment*

a
A B

Fachwortschatz Mathematik

		die Stunde die Stunden *the hour*

60 Minuten (min)
= 1 Stunde (h)

Fachwortschatz Mathematik

subtrahieren subtrahiere! *to subtract*		die Subtraktion die Subtraktionen *the subtraction*

13 – 7 = 6

Fachwortschatz Mathematik

		der Tausender die Tausender *the thousands*

Zahl: 2353

Tausender	Hunderter	Zehner	Einer
2	3	5	3

Fachwortschatz Mathematik

		die Temperatur die Temperaturen *the temperature*

°C 50 40 30 20 10 0 -10 -20 -30 -40 -50

Fachwortschatz Mathematik

	viel *much*	

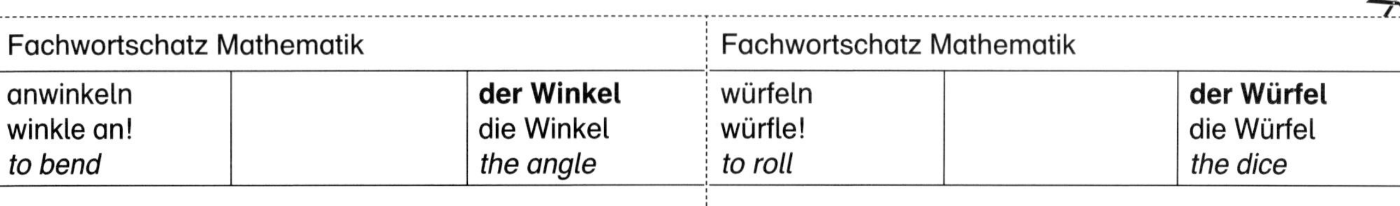

Fachwortschatz Mathematik

anwinkeln winkle an! *to bend*		**der Winkel** die Winkel *the angle*

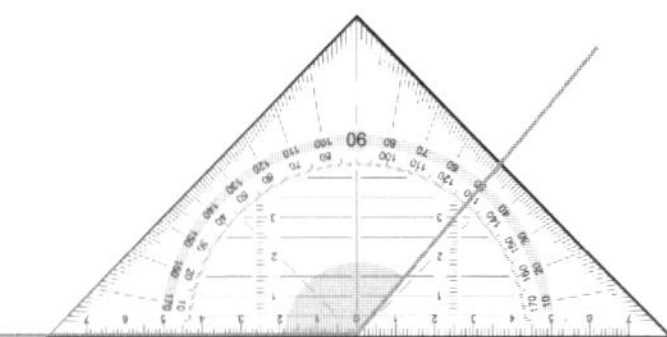

Fachwortschatz Mathematik

würfeln würfle! *to roll*		**der Würfel** die Würfel *the dice*

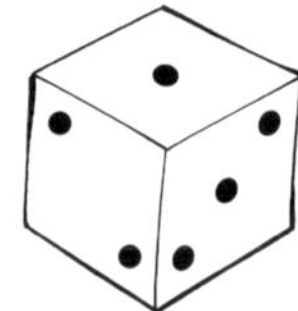

Fachwortschatz Mathematik

		der Zahlenstrahl die Zahlenstrahlen *the number line*

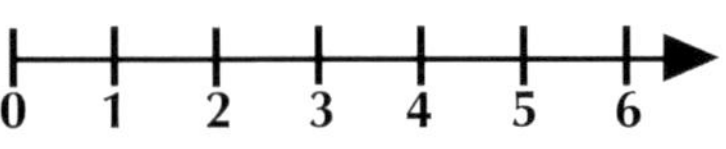

Fachwortschatz Mathematik

		der Zehner die Zehner *the tens*

Zahl: 2353

Tausender	Hunderter	**Zehner**	Einer
2	3	5	3

Fachwortschatz Mathematik

		die Zeiteinheit die Zeiteinheiten *the time unit*

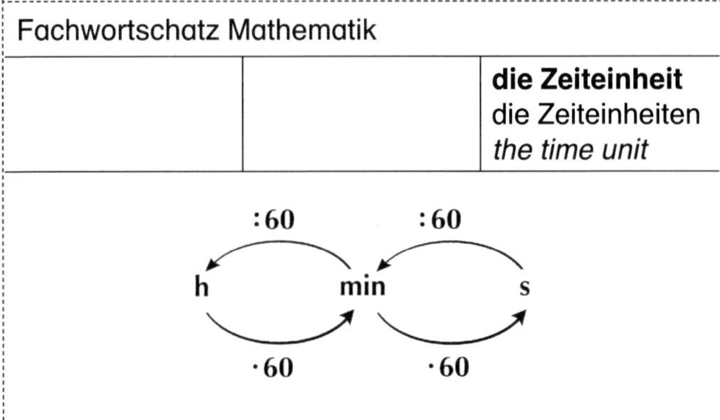

Zahlenstrahl

Zahlenstrahl		
		die Kugel die Kugeln *the sphere*

Zahlenstrahl		
		der Strich die Striche *the stroke*

0 1 2 3 4 5 6

Zahlenstrahl		
ziehen zieh! *to pull*		die Ziehung die Ziehungen *the draw*

Zahlenstrahl

1. Jacqueline hat einen Hamster und einen Hund.

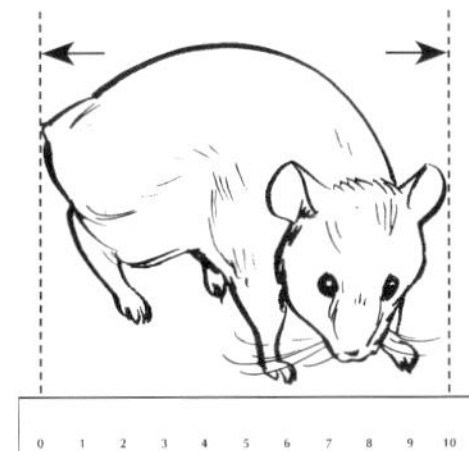

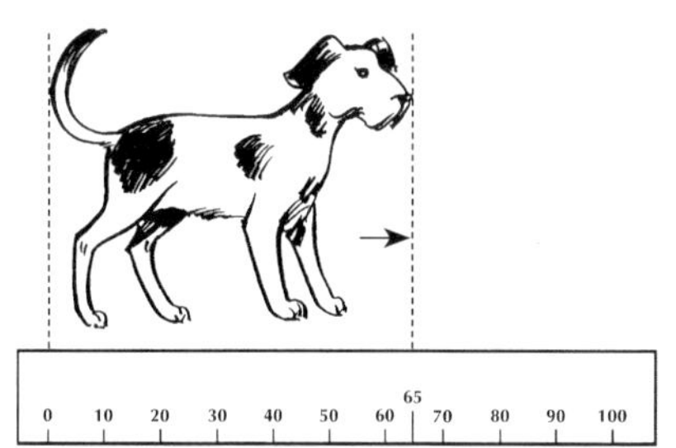

Der Hamster hat eine Länge von _____ cm.

Der Hund hat eine Länge von _____ cm.

Regel: Markiere die Längen auf dem Zahlenstrahl mit einem Strich.

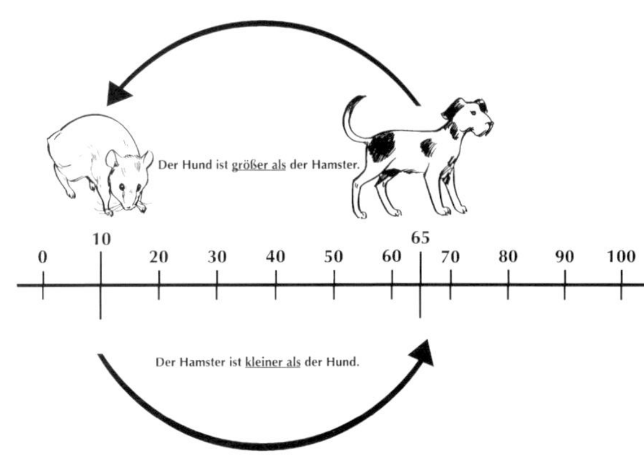

2. Schreibe die richtigen Zahlen in die Kästchen.

a)

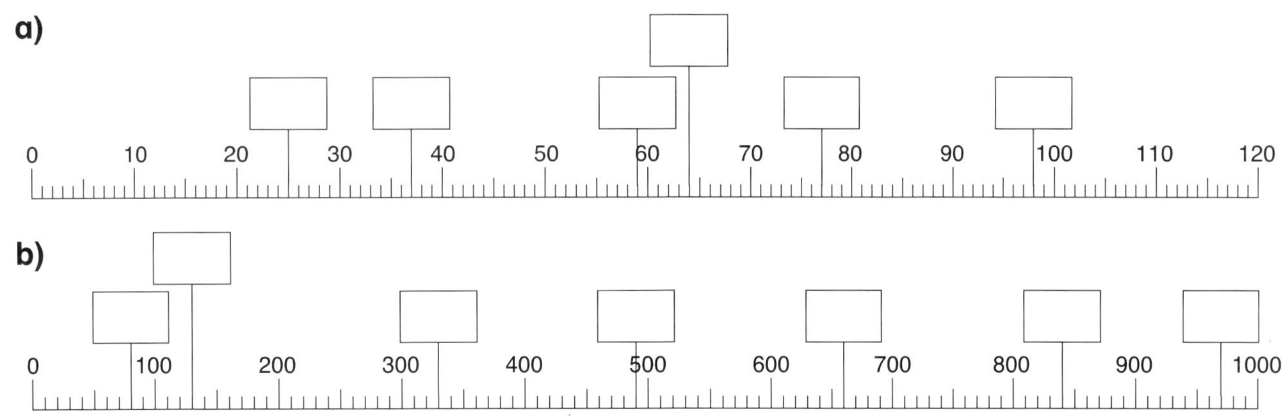

b)

3. Qais betrachtet die Preise von Fernsehern.

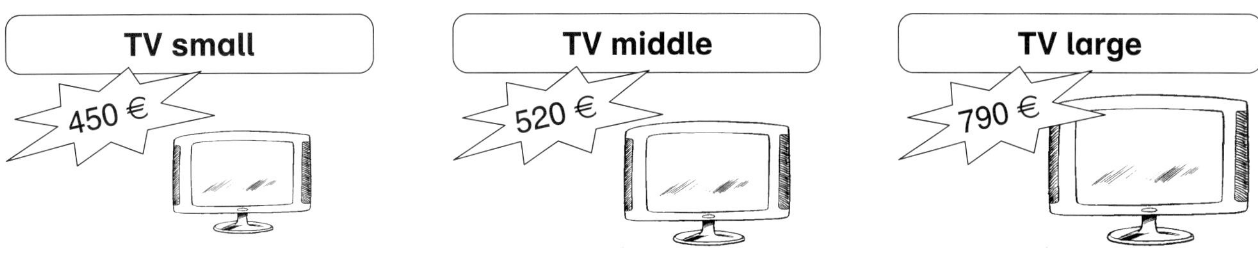

Kreuze (→ ankreuzen) die richtigen Antworten an.

- ☐ Der Preis von *TV small* ist **kleiner als** der Preis von *TV large*.
- ☐ Der Preis von *TV middle* ist **größer als** der Preis von *TV large*.

Zahlenstrahl

1. Dominik misst (→ messen) die Größe eines Hundes und eines Pferdes.

a)

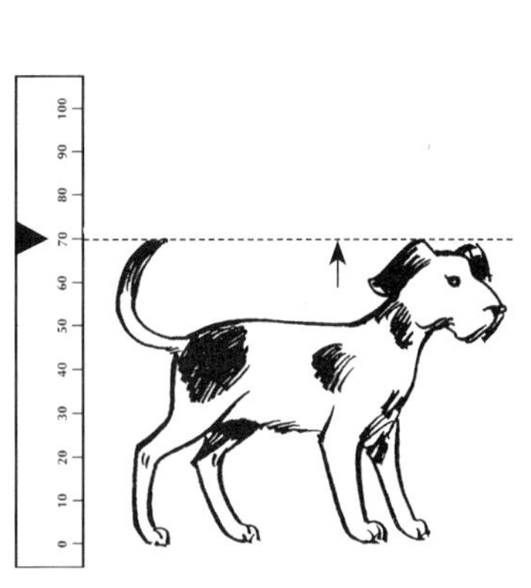

Der Hund hat eine Größe von _____ cm. Das Pferd hat eine Größe von _____ cm.

b) Markiere die Größen auf dem Zahlenstrahl mit einem Strich.

0 10 20 30 40 50 60 70 80 90 100 110 120 130 140 150 160

Regel: Ordne die Zahlen am Zahlenstrahl nach der Größe.

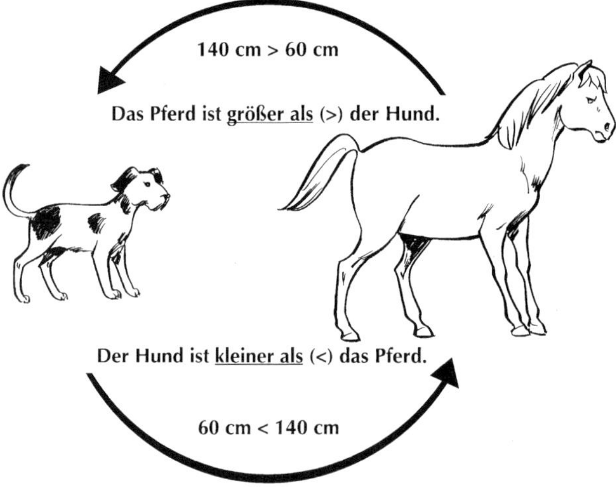

2. Schreibe die richtigen Zahlen in die Kästchen.

0 100 200 300 400 500 600 700 800 900 1000

3. Für ein Spiel zieht Sarah 6 Kugeln. **3** **49** **37** **12** **26** **30**

Ordne die Zahlen nach der Größe. Beginne mit der kleinsten (→ klein) Zahl.

Lösung: 3 < _____ < _____ < _____ < _____ < _____

Zahlenstrahl

1.

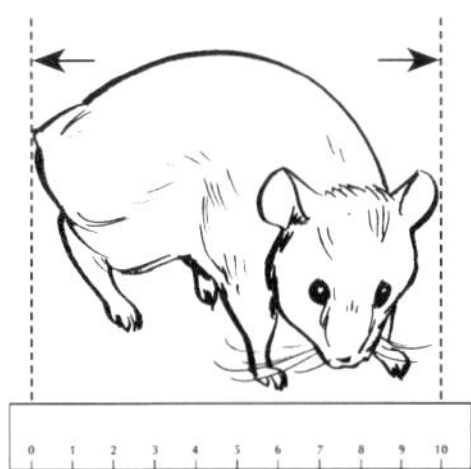

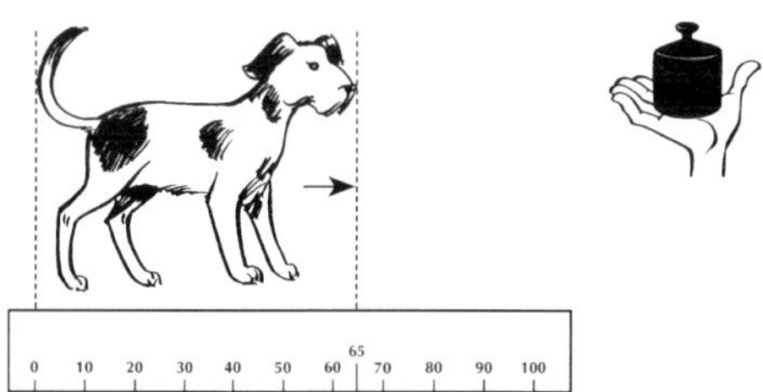

Der Hamster hat eine Länge von 10 cm. Der Hund hat eine Länge von 65 cm.

2. a)

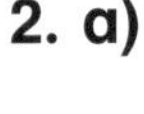

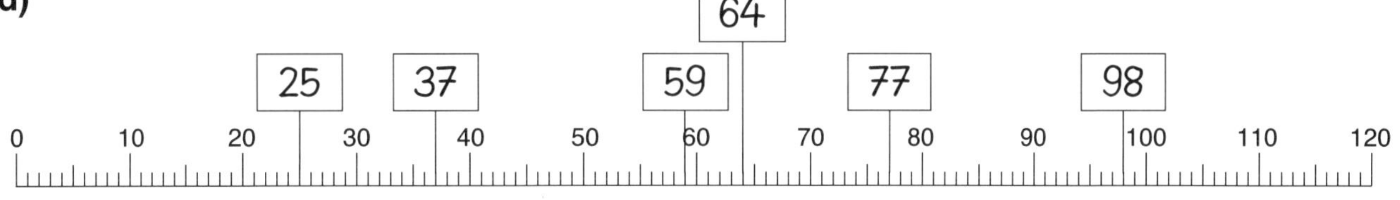

b)

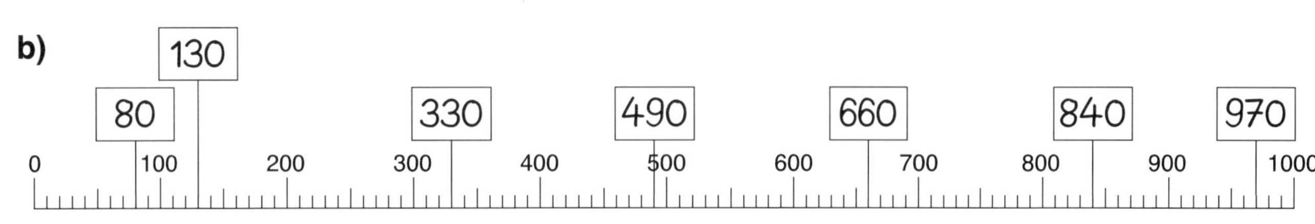

3. ☒ Der Preis von *TV small* ist **kleiner als** der Preis von *TV large*.
☐ Der Preis von *TV middle* ist **größer als** der Preis von *TV large*.

1.

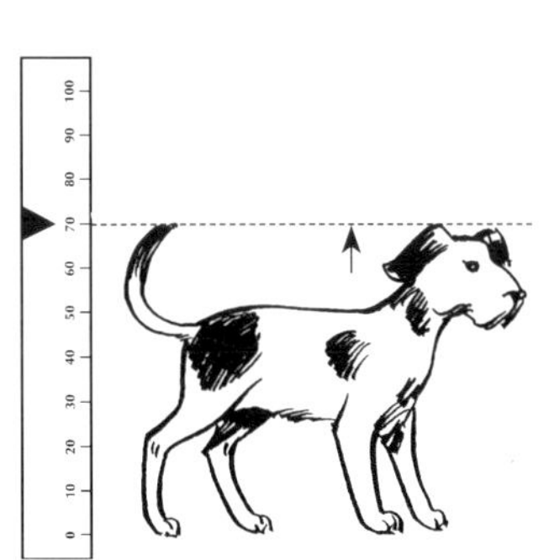

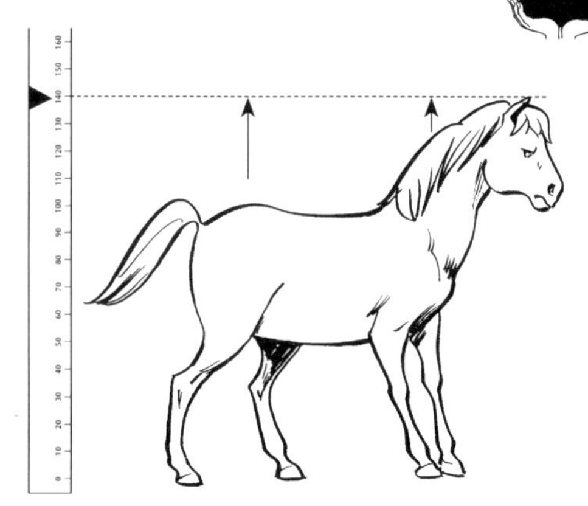

Der Hund hat eine Größe von 70 cm. Das Pferd hat eine Größe von 140 cm.

b)

2.

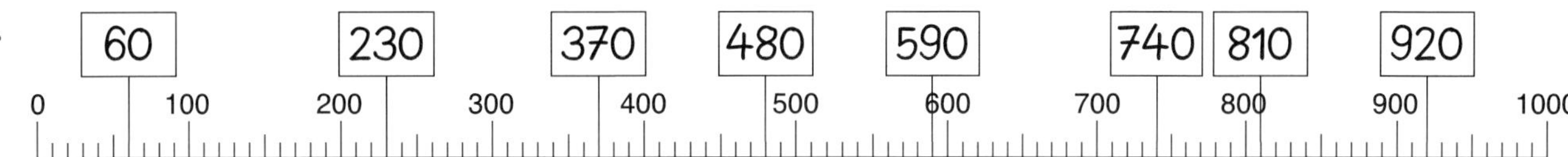

3. 3 < 12 < 26 < 30 < 37 < 49

Addieren und Subtrahieren

Addieren und Subtrahieren

		die Differenz die Differenzen *the difference*

$7 - 3 = \boxed{4}$

Wert der Differenz

Addieren und Subtrahieren

		der Minuend die Minuenden *the minuend*

$\boxed{7} - 3 = 4$

Minuend

Addieren und Subtrahieren

		der Subtrahend die Subtrahenden *the subtrahend*

$7 - \boxed{3} = 4$

Subtrahend

Addieren und Subtrahieren

		der Summand die Summanden *the summand*

$\boxed{7} + \boxed{3} = 10$

1. Summand 2. Summand

Addieren und Subtrahieren

		die Summe die Summen *the sum*

$7 + 3 = \boxed{10}$

Wert der Summe

Erklärung: Pia hat 14 Buntstifte in ihrem Mäppchen.

Sie kauft 7 Buntstifte.

Addition

Rechnung: 14 + 7 = 21 ← Wert der Summe

1. Summand 2. Summand

Lösung: Pia hat 21 Buntstifte.

1. Addiere die Gewichte. Schreibe den Wert der Summe in das Kästchen.

17 kg + 23 kg + 26 kg + 34 kg = ______ kg

2. Die Lehrerin erklärt das schriftliche Addieren an der Tafel:

	Tausender	Hunderter	Zehner	Einer
	1	0	3	6
+	4	1	0	5
			1	
	5	1	4	1

Wir addieren...

... die Einer: 5 + 6 = 11
... die Zehner: 1 + 0 + 3 = 4
... die Hunderter: 1 + 0 = 1
... die Tausender: 4 + 1 = 5

Addiere und schreibe den Wert der Summe in die Lücken.

a)		3	2	7	0	
	+		1	9	9	
	+	2	4	2	1	

b)		4	7	0	3	
	+	1	9	9	9	
	+			3	6	

c)		2	8	9	7	
	+	1	0	0	4	
	+		9	7	9	

Addieren und Subtrahieren 2

Erklärung: Pia hat 6 Schokoriegel.

Sie isst (→ essen) 1 Schokoriegel.

Subtraktion

Rechnung: 6 – 1 = 5 ← Wert der Differenz

Minuend Subtrahend

Lösung: Pia hat noch 5 Schokoriegel.

3. Verbinde die Rechnung mit der richtigen Lösung.

317 – 26	199 – 71	985 – 721
264	291	128

4. Julia betrachtet das schriftliche Subtrahieren an der Tafel.

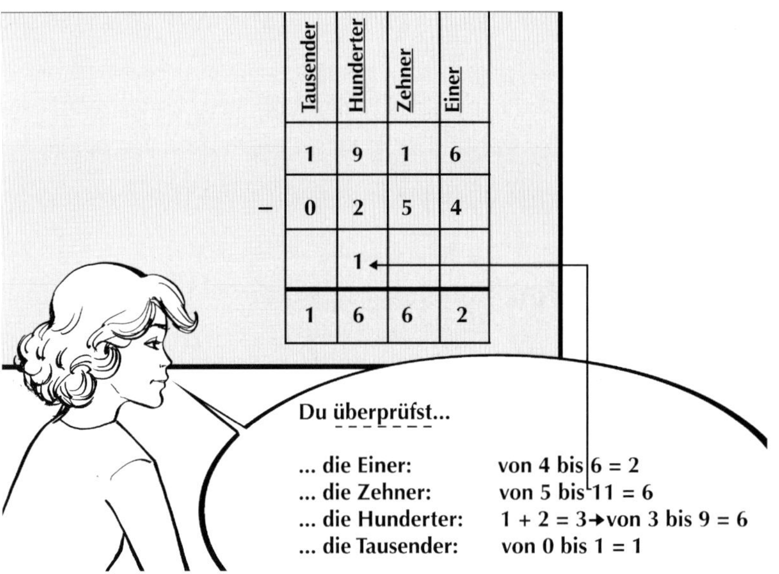

Subtrahiere schriftlich und schreibe in die Lücken.

a)		8	2	0	0	
	–	6	3	4	0	

b)		7	2	6	3	
	–	1	9	2	0	

c)		1	1	0	1	
	–			9	9	

1.

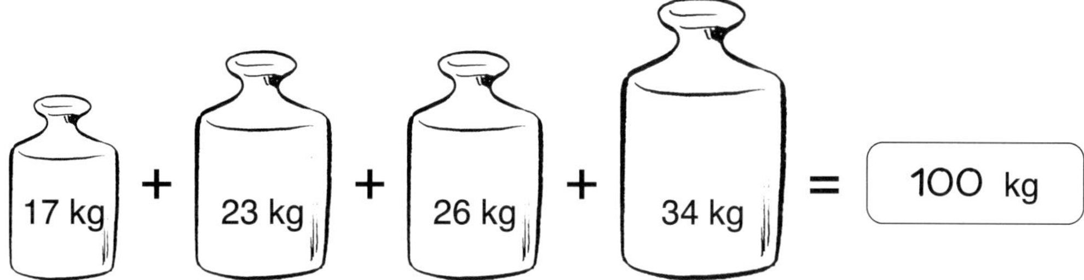

2.

a)						
		3	2	7	0	
	+		1	9	9	
	+	2	4	2	1	
			1	1		
		5	8	9	0	

b)						
		4	7	0	3	
	+	1	9	9	9	
	+			3	6	
		1	1	1		
		6	7	3	8	

c)						
		2	8	9	7	
	+	1	0	0	4	
	+		9	7	9	
		1	1	2		
		4	8	8	0	

3.

317 – 26

199 – 71

985 – 721

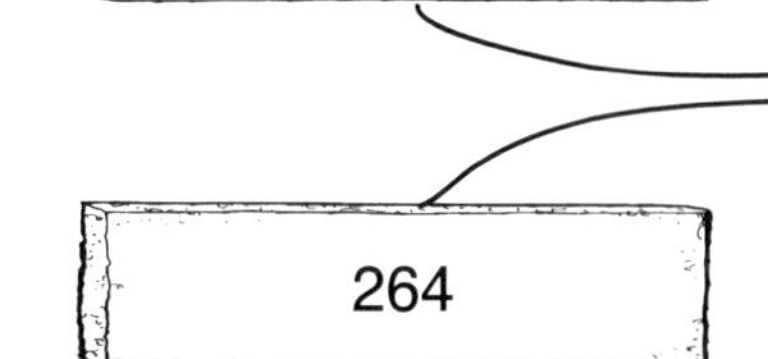

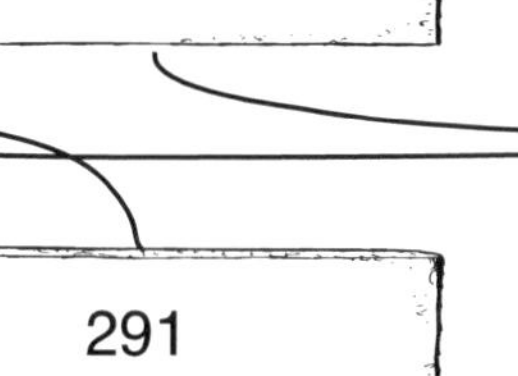

264

291

128

4.

a)						
		8	2	0	0	
	–	6	3	4	0	
		1	1			
		1	8	6	0	

b)						
		7	2	6	3	
	–	1	9	2	0	
		1				
		5	3	4	3	

c)						
		1	1	0	1	
	–			9	9	
			1	1		
		1	0	0	2	

Addieren und Subtrahieren 1

Costa sitzt (→ hinsetzen) im Klassenzimmer und betrachtet sein Heft.

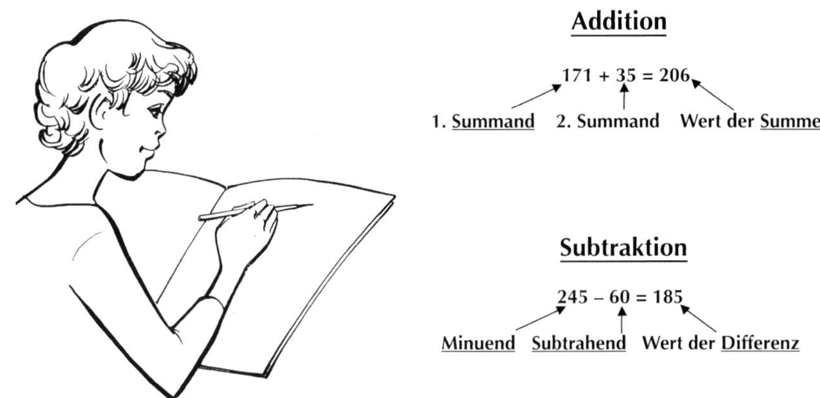

1. Verbinde die Rechnung mit der richtigen Lösung.

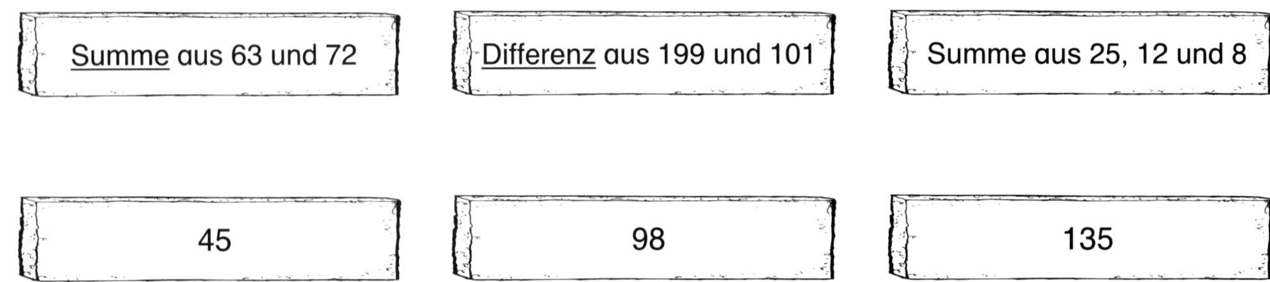

2. Schreibe die richtigen Lösungen in die Kästchen.

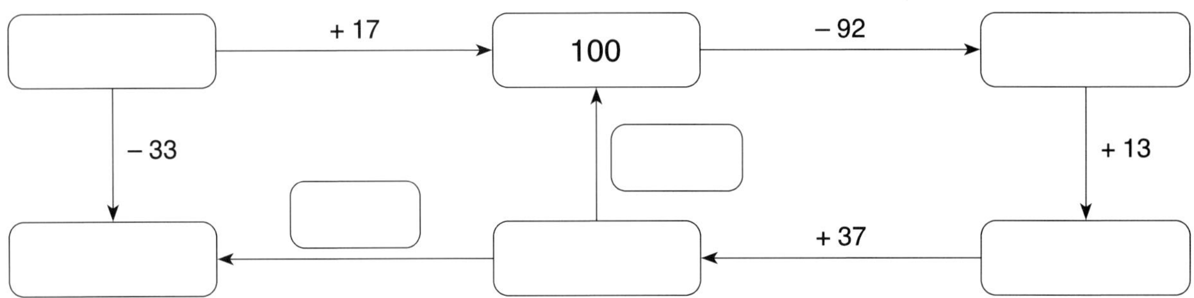

3. Die Lehrerin erklärt das schriftliche Addieren an der Tafel:

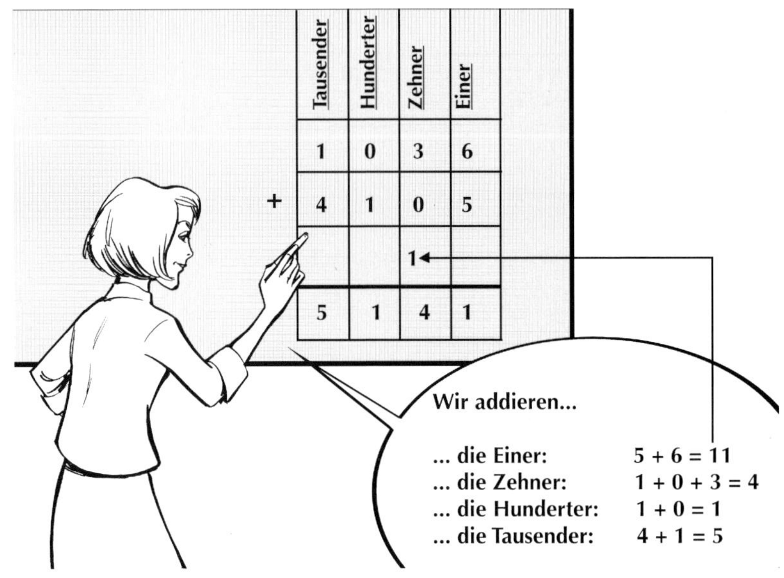

Addiere schriftlich und schreibe den Wert der Summe in die Lücken.

a)		7	3	5	0	
	+		1	4	8	

b)		3	7	1	9	
	+	2	6	1	4	
	+			9	9	

c)		6	2	1	4	
	+		3	7	8	
	+	1	9	9	0	

4. Julia betrachtet das schriftliche Subtrahieren an der Tafel.

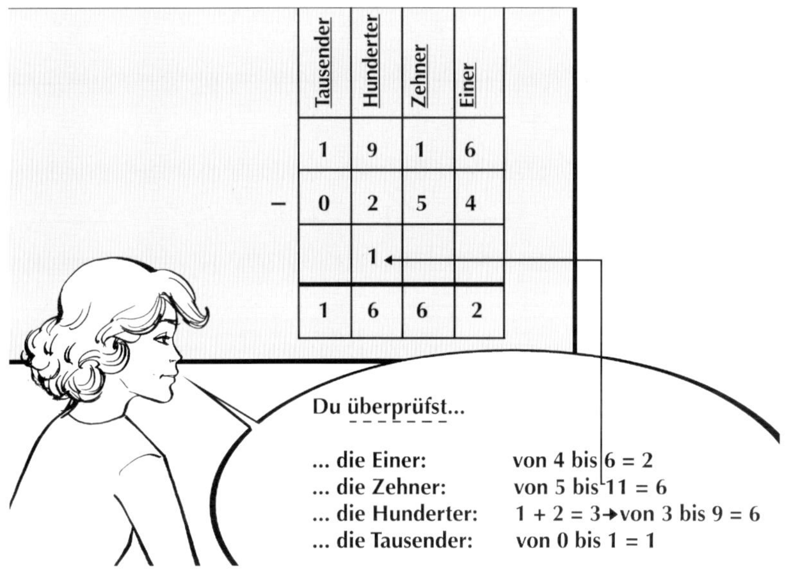

Subtrahiere schriftlich und schreibe in die Lücken.

a)		4	7	0	0	
	−		8	1	2	
	−			2	7	

b)		8	0	0	4	
	−	3	9	9	9	
	−		1	2	9	

c)		7	6	5	4	
	−	3	2	1	0	
	−			8	7	

Lösung

Addieren und Subtrahieren

1.

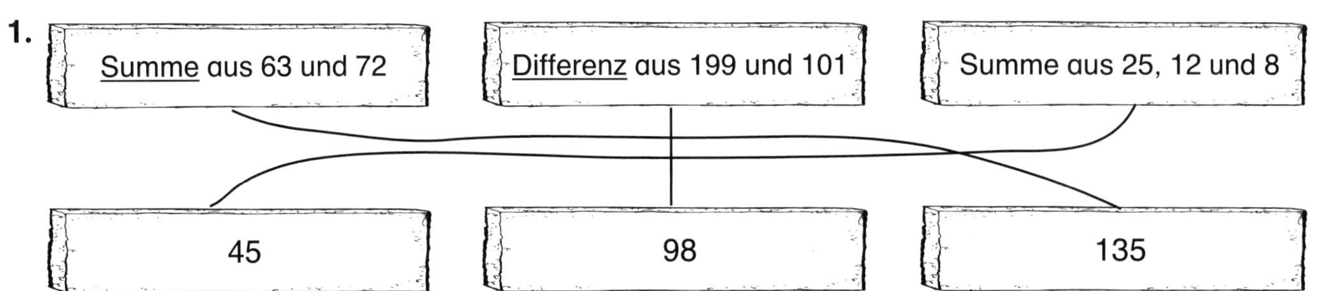

2.

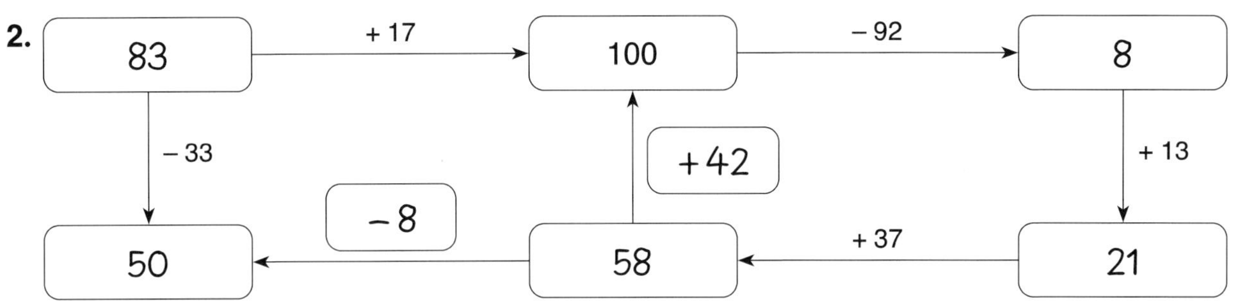

3.

a)						
		7	3	5	0	
	+		1	4	8	
		7	4	9	8	

b)						
		3	7	1	9	
	+	2	6	1	4	
	+			9	9	
		1	1	2		
		6	4	3	2	

c)						
		6	2	1	4	
	+		3	7	8	
	+	1	9	9	0	
		1	1	1		
		8	5	8	2	

4.

a)						
		4	7	0	0	
	–		8	1	2	
	–			2	7	
		1	1	1		
		3	8	6	1	

b)						
		8	0	0	4	
	–	3	9	9	9	
	–		1	2	9	
		2	2	2		
		3	8	7	6	

c)						
		7	6	5	4	
	–	3	2	1	0	
	–			8	7	
			1	1		
		4	3	5	7	

Multiplizieren und Dividieren

Multiplizieren und Dividieren

		der Dividend die Dividenden *the dividend*

$\boxed{27} : 9 = 3$

Dividend

Multiplizieren und Dividieren

		der Divisor die Divisoren *the divisor*

$27 : \boxed{9} = 3$

Divisor

Multiplizieren und Dividieren

		der Faktor die Faktoren *the factor*

$\boxed{3} \cdot \boxed{5} = 15$

1. Faktor 2. Faktor

Multiplizieren und Dividieren

		das Produkt die Produkte *the product*

$3 \cdot 5 = \boxed{15}$

Wert des Produkts

Multiplizieren und Dividieren

		der Quotient die Quotienten *the quotient*

$27 : 9 = \boxed{3}$

Wert des Quotienten

Erklärung: Marion kauft 4 Wörterbücher.

Multiplikation

Rechnung: 12 € · 4 = 48 € ← Wert des Produkts

1. Faktor   2. Faktor

Lösung: Die 4 Wörterbücher kosten 48 Euro (€).

1. Multipliziere und schreibe die Lösungen in die Kästchen.

7 · 11 = ☐   4 · 18 = ☐   9 · 12 = ☐

Sven hat 6 Euro. Er kauft von seinem Geld möglichst viele Cheeseburger.

Division

Rechnung: 6 € : 2 € = 3 ← Wert des Quotienten

Dividend   Divisor

Lösung: Er kauft 3 Cheeseburger.

2. Dividiere und schreibe die Lösungen in die Kästchen.

60 : 4 = ☐   75 : 5 = ☐   96 : 4 = ☐

Regel:	**Multiplizieren**	**Dividieren**
	5 · 10 = 50	70 : 10 = 7
	5 · 100 = 500	700 : 100 = 7

3. Verbinde die Rechnung mit der richtigen Lösung.

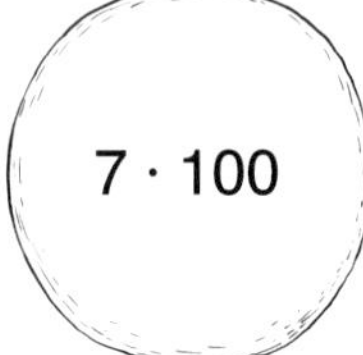

7 · 100   34 · 100   3400 : 10   5500 : 100

55   340   700   3400

4. Christian rechnet die schriftliche Multiplikation in sein Heft.

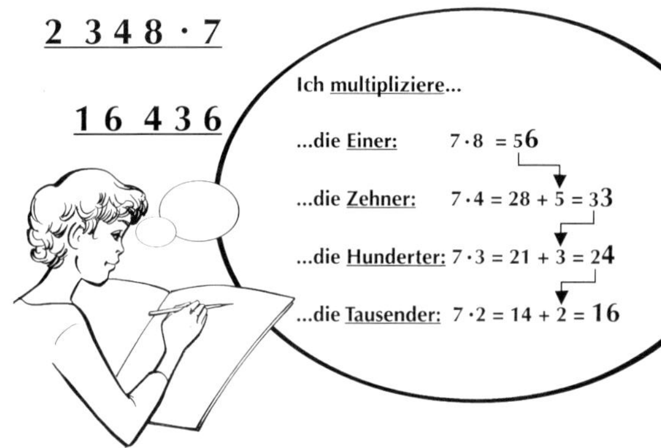

Multipliziere schriftlich.

a)	2	1	2	·	6	

b)	1	0	7	3	·	4

c)	7	1	2	4	·	5

5. Die Lehrerin erklärt das schriftliche Dividieren.

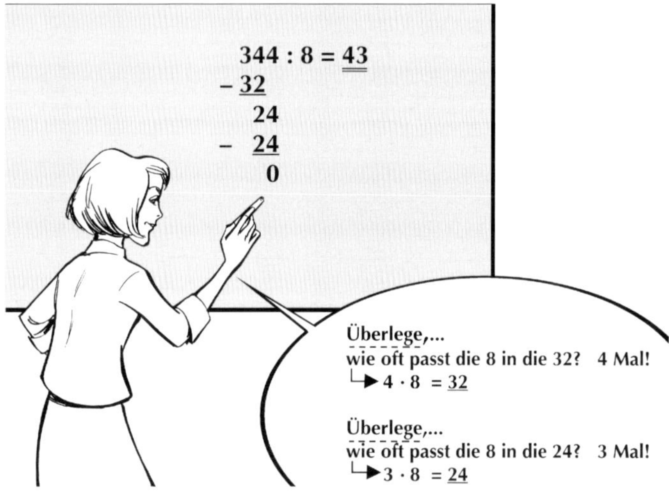

Dividiere schriftlich.

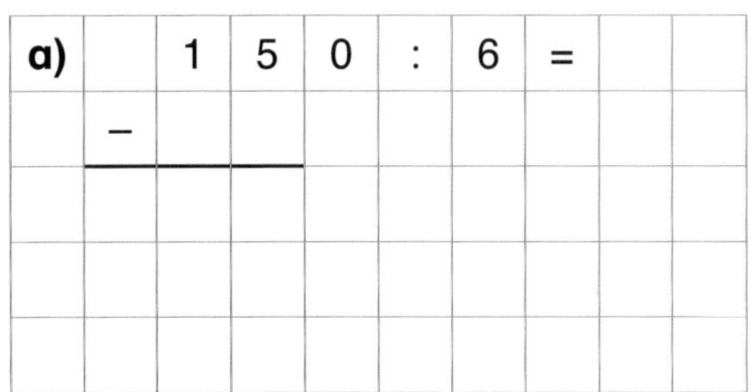

a)		1	5	0	:	6	=		
	–								

b)		9	2	:	4	=		

c)		2	1	9	:	3	=		

1. 7 · 11 = 77 4 · 18 = 72 9 · 12 = 108

2. 60 : 4 = 15 75 : 5 = 15 96 : 4 = 24

3.

7 · 100 34 · 100 3 400 : 10 5 500 : 100

55 340 700 3 400

4.

a)	2	1	2	·	6	
		1	2	7	2	

b)	1	0	7	3	·	4
			4	2	9	2

c)	7	1	2	4	·	5
		3	5	6	2	0

5.

a)		1	5	0	:	6	=	2	5
	–	1	2						
			3	0					
		–	3	0					
				0					

b)		9	2	:	4	=	2	3
	–	8						
		1	2					
	–	1	2					
			0					

c)		2	1	9	:	3	=	7	3
	–	2	1						
			0	9					
		–	0	9					
				0					

Laura betrachtet das schriftliche Multiplizieren und Dividieren an der Tafel.

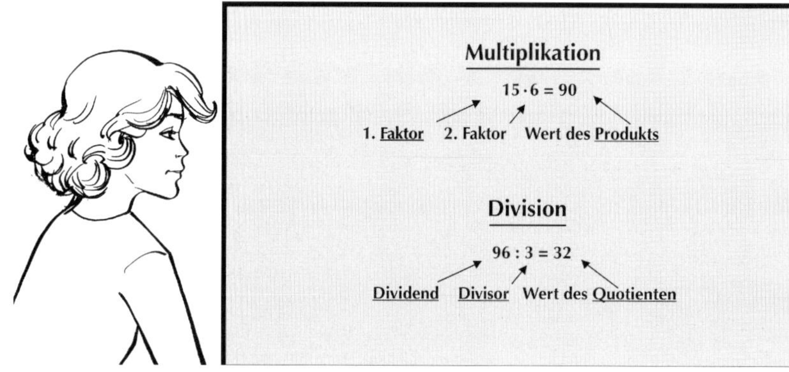

1. Rechne und schreibe die Lösungen in die Kästchen.

45 · 7 = ☐ 326 : 2 = ☐ 76 · 4 = ☐

455 : 5 = ☐ 81 · 9 = ☐ 936 : 9 = ☐

2. Verbinde die Rechnung mit der richtigen Lösung.

Quotient aus 105 und 7

Produkt aus 3, 4 und 6

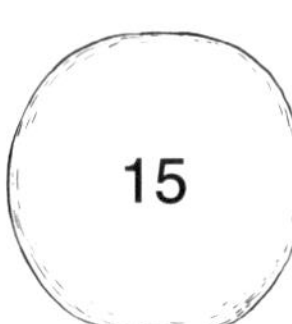

72

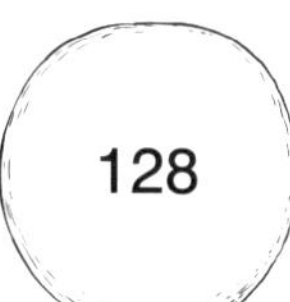

3. Schreibe die richtigen Lösungen in die Kästchen.

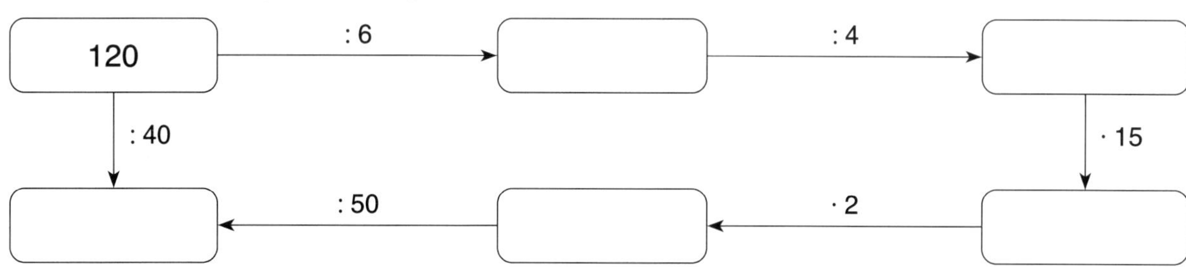

4. Christian rechnet die schriftliche Multiplikation in sein Heft.

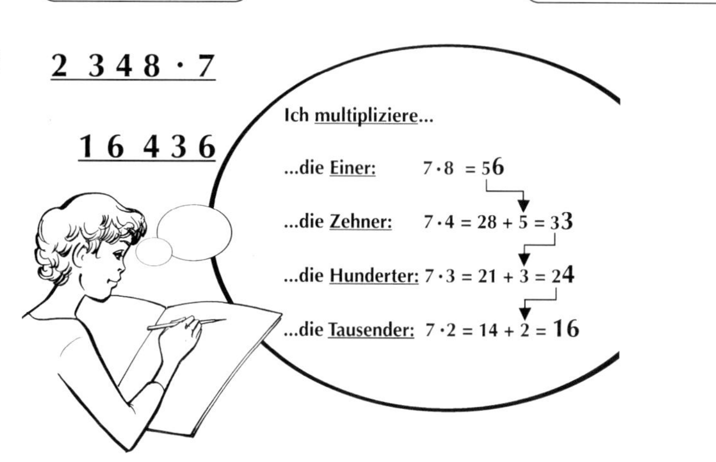

Multipliziere schriftlich.

a)	3	8	2	7	·	4

b)	2	9	·	1	5	

c)	1	6	0	·	2	7

5. Die Lehrerin erklärt das schriftliche Dividieren.

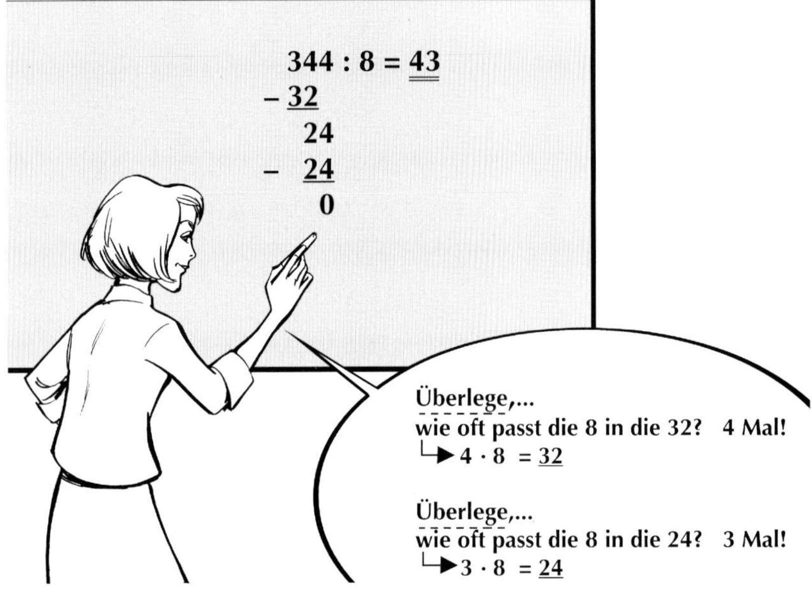

Dividiere schriftlich.

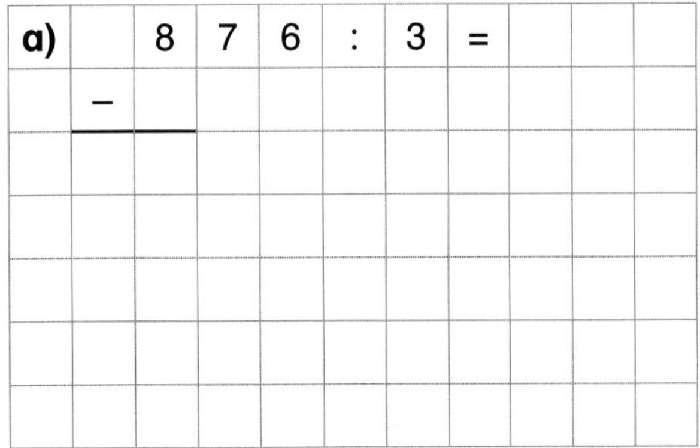

a)		8	7	6	:	3	=			
	–									

b)		1	4	8	4	:	7	=			

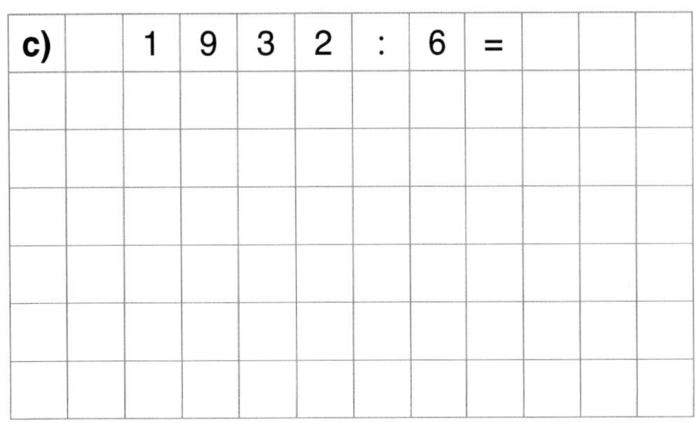

c)		1	9	3	2	:	6	=			

Lösung

Multiplizieren und Dividieren

1. 45 · 7 = 315 | 326 : 2 = 163 | 76 · 4 = 304

455 : 5 = 91 | 81 · 9 = 729 | 936 : 9 = 104

2.

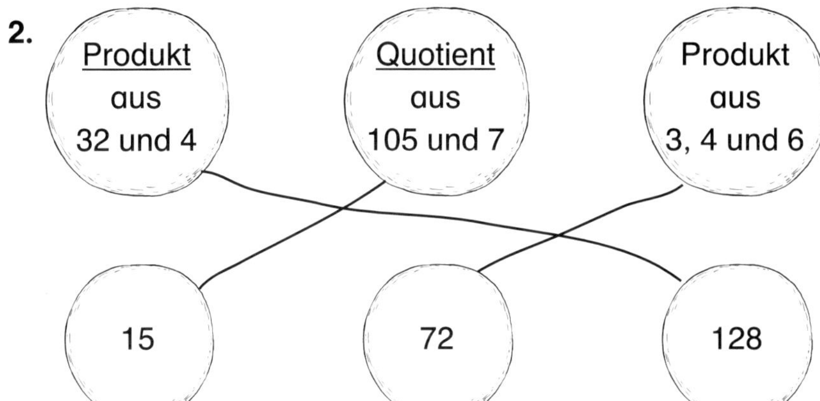

3.

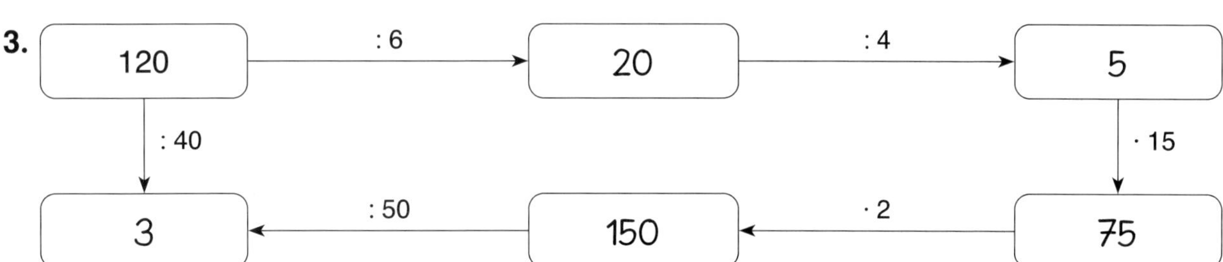

4.

a)	3	8	2	7	·	4
		1	5	3	0	8

b)	2	9	·	1	5	
			2	9	0	
	+		1	4	5	
			4	3	5	

c)	1	6	0	·	2	7
			3	2	0	0
	+		1	1	2	0
			4	3	2	0

5.

a)		8	7	6	:	3	=	2	9	2
	−	6								
		2	7							
	−	2	7							
			0	6						
		−	0	6						
				0						

b)		1	4	8	4	:	7	=	2	1	2
	−	1	4								
			0	8							
		−	0	7							
				1	4						
			−	1	4						
					0						

c)		1	9	3	2	:	6	=	3	2	2
	−	1	8								
			1	3							
		−	1	2							
				1	2						
			−	1	2						
					0						

Längen

Längen		
umwandeln wandle um! *to convert*		**die Umwandlung** die Umwandlungen *the conversion*

100 cm = 1 m

Längen

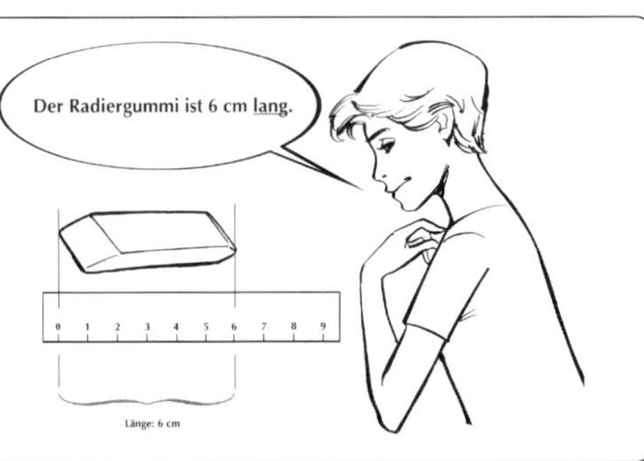

Erklärung: Pascal misst (→ messen) die Länge seines Radiergummis mit dem Lineal.

1. Miss (→ messen) die Länge der Strecken mit deinem Lineal. Schreibe die richtigen Maßzahlen in die Lücken.

a) Länge: ______ cm

b) Länge: ______ cm

c) Länge: ___,___ cm

2. Ahmed misst (→ messen) die Größe von Pia. Pia ist 160 cm groß.

Regel: Umwandlung der Längeneinheiten

10 mm = 1 cm (Millimeter) 100 cm = 1 m (Zentimeter) 1 000 m = 1 km (Meter, Kilometer)

Verbinde die richtigen Längen mit einem Stift.

17 mm	230 cm	45 mm	1 900 m
2,30 m	1,9 km	1,7 cm	4,5 cm

3. Ordne die Längen der Größe nach. Schreibe in die Lücken.

12 mm | 3,9 km | 85 m | 2,6 cm | 1 500 m

______ < ______ < ______ < ______ < ______

4. Überprüfe die Maßzahlen und die Einheiten. Kreuze (→ ankreuzen) die richtigen Lösungen an.

5 cm 6 mm = 5,6 cm	8 m 34 cm = 8,34 m	6 km 12 m = 612 m	7 m 1 cm = 71 cm
☐ richtig	☐ richtig	☐ richtig	☐ richtig

Längen

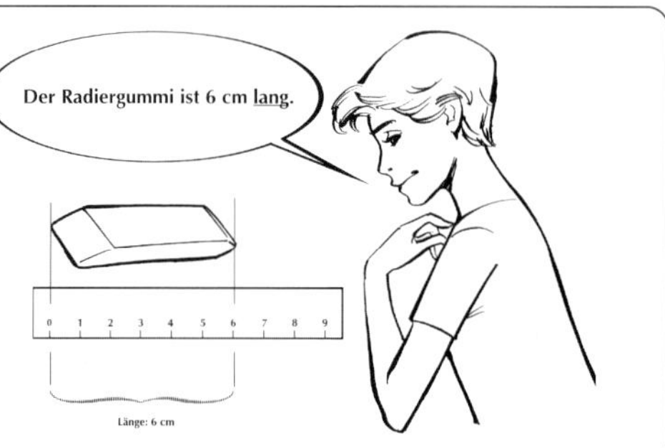

Erklärung: Pascal misst (→ messen) die Länge seines Radiergummis mit dem Lineal.

Regel: Umwandlung der Längeneinheiten

10 mm = 1 cm 100 cm = 1 m 1 000 m = 1 km

Millimeter, Zentimeter, Meter, Kilometer

1. Miss (→ messen) die Länge der Strecken mit deinem Lineal. Schreibe die richtigen Maßzahlen in die Lücken.

a) Länge: ___,___ cm

b) Länge: ___,___ cm

c) Länge: ___,___ cm

2. Zeichne die Strecken mit einem spitzen Bleistift und einem Lineal.

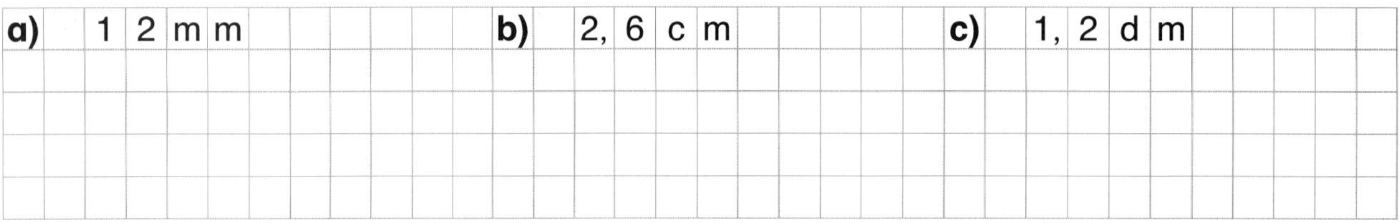

3. Wandle (→ umwandeln) die Maßzahl um. Schreibe in die Lücken.

a) 7,62 m = ______ cm **b)** 3,7 km = ______ m **c)** 1,4 dm = ______ cm

d) 20 mm = ______ cm **e)** 1 800 m = ______ km **f)** 620 cm = ______ m

4. Ordne die Längen der Größe nach. Schreibe in die Lücken.

210 m | 0,9 km | 1,5 m | 200 cm | 1 500 m

__________ < __________ < __________ < __________ < __________

5. Überprüfe die Maßzahlen und die Einheiten. Kreuze (→ ankreuzen) die richtigen Lösungen an.

26 cm 9 mm = 26,9 cm	18 m 34 cm = 18,34 m	4 km 37 m = 4 370 m	1 m 7 cm = 170 cm
☐ richtig	☐ richtig	☐ richtig	☐ richtig

Längen

1. a) Länge: 3 cm

b) Länge: 5 cm

c) Länge: 4,5 cm

2.

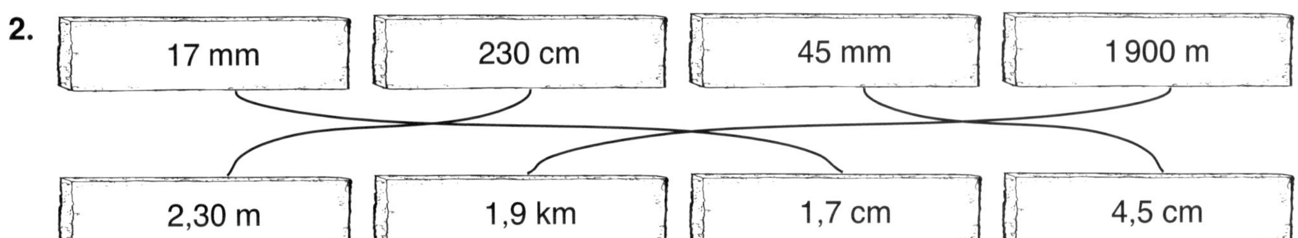

3. 12 mm | 3,9 km | 85 m | 2,6 cm | 1 500 m

12 mm < 2,6 cm < 85 m < 1 500 m < 3,9 km

4.

5 cm 6 mm = 5,6 cm	8 m 34 cm = 8,34 m	6 km 12 m = 612 m	7 m 1 cm = 71 cm
☒ richtig	☒ richtig	☐ richtig	☐ richtig

1. a) Länge: 1,7 cm

b) Länge: 4,0 cm

c) Länge: 2,4 cm

3. a) 7,62 m = 762 cm **b)** 3,7 km = 3700 m **c)** 1,4 dm = 14 cm

d) 20 mm = 2 cm **e)** 1 800 m = 1,8 km **f)** 620 cm = 6,2 m

4. 210 m | 0,9 km | 1,5 m | 200 cm | 1 500 m

1,5 m < 200 cm < 210 m < 0,9 km < 1 500 m

5.

26 cm 9 mm = 26,9 cm	18 m 34 cm = 18,34 m	4 km 37 m = 4370 m	1 m 7 cm = 170 cm
☒ richtig	☒ richtig	☐ richtig	☐ richtig

Zeit

Zeit			Zeit		
		der Minutenzeiger die Minutenzeiger *the minute hand*			**der Sekundenzeiger** die Sekundenzeiger *the second hand*

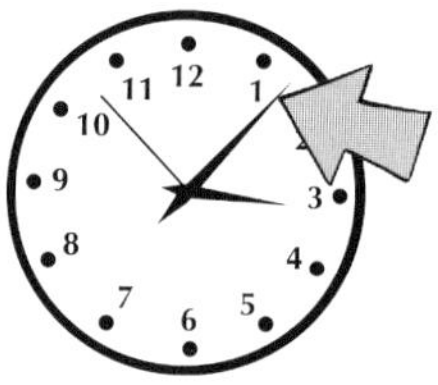

Zeit			Zeit		
		der Stundenzeiger die Stundenzeiger *the hour hand*			**die Zeitdauer** – *the period of time*

20:15 2h 22:15

Zeit			Zeit		
		die Zeitmessung die Zeitmessungen *the time measurement*			**der Zeitpunkt** die Zeitpunkte *the moment*

00:00:10 → **10 Sekunden**

= 20:00

Es ist 20 Uhr.

1. Verbinde die richtigen Zeitpunkte.

2. Zeichne den Stundenzeiger und den Minutenzeiger.

a) 06:20 Uhr **b)** 22:35 Uhr **c)** 13:15 Uhr

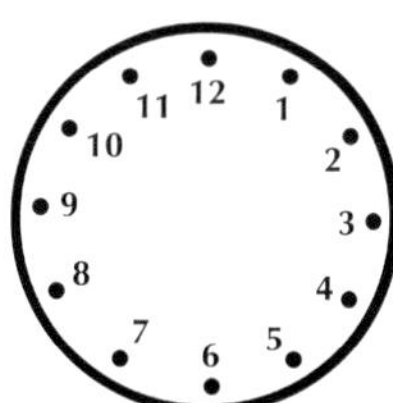 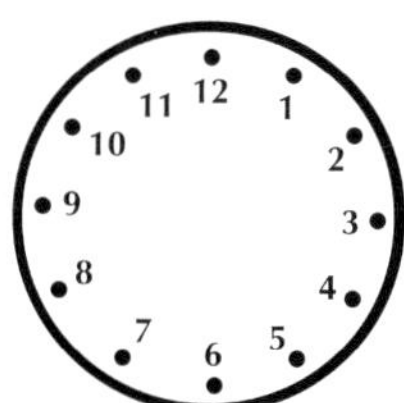 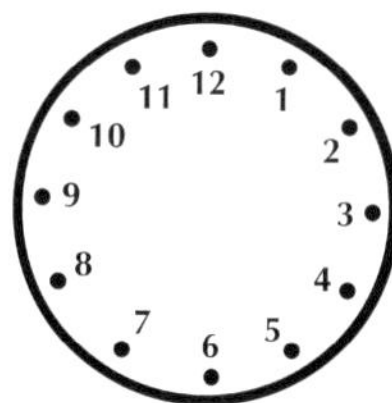

Regel: 1 Tag (**d**ay) = 24 Stunden (**h**ours)
1 Stunde (**h**) = 60 Minuten (**min**utes)
1 Minute (**min**) = 60 Sekunden (**s**econds)

3. Schreibe die Maßzahlen in die Lücken.

a) 5 min = ________ s **b)** 2 d = ________ h **c)** 7 h = ________ min

d) 360 min = ________ h e) 180 s = ________ min f) 72 h = ________ d

4. Laura fährt Fahrrad. Schreibe die Zeitpunkte in die Lücken.

a) 07:18 Uhr —— Zeitdauer: 27 min ——→ ________ Uhr

b) 12:03 Uhr —— Zeitdauer: 1 h 17 min ——→ ________ Uhr

c) 09:47 Uhr —— Zeitdauer: 33 min ——→ ________ Uhr

5.

Ilayda steht (→ aufstehen) um 7:20 Uhr auf.

Sie geht direkt ins Bad. Sie ist 27 Minuten im Bad.

Danach frühstückt sie 17 Minuten lang.

Dann fährt Ilayda mit dem Fahrrad zur Schule.

Kreuze (→ ankreuzen) die richtige Lösung an.

- ☐ Ilayda fährt um 7:54 Uhr mit dem Fahrrad zur Schule.
- ☐ Ilayda fährt um 8:04 Uhr mit dem Fahrrad zur Schule.
- ☐ Ilayda fährt um 8:14 Uhr mit dem Fahrrad zur Schule.

Zeit

Regel: 1 Tag (**d**ay) = 24 Stunden (**h**ours)
1 Stunde (**h**) = 60 Minuten (**min**utes)
1 Minute (**min**) = 60 Sekunden (**s**econds)

1. Zeichne den Stundenzeiger, den Minutenzeiger und den Sekundenzeiger.

a) 19:00:10 Uhr **b)** 05:20:00 Uhr **c)** 14:36:50 Uhr

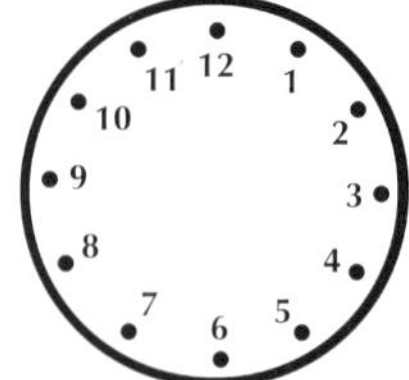

2. Schreibe die Maßzahlen in die Lücken.

a) 35 min = ________ s **b)** 4 d = ________ h **c)** 17 h = ________ min

d) 480 min = ________ h e) 420 s = ________ min f) 144 h = ________ d

3. Mit einer Stoppuhr macht Florian Zeitmessungen.
Schreibe in die Lücken die richtigen Maßzahlen.

a) 6 min 12 s = ________ s **b)** 10 min 45 s = ________ s

c) 13 min 47 s = ________ s d) 21 min 59 s = ________ s

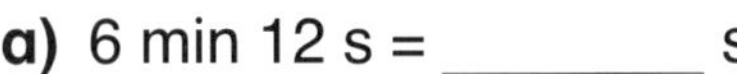

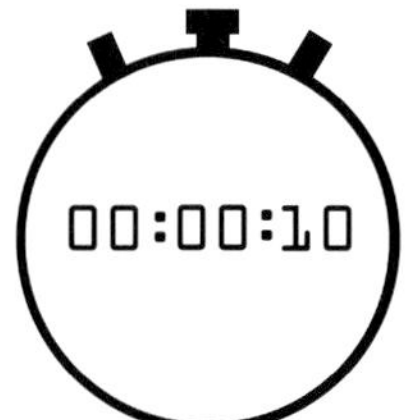

4. Verbinde die gleichen Zeitmessungen.

1 h 23 min	64 min 23 s	222 min	195 s
1 h 4 min 23 s	3 min 15 s	3 h 42 min	83 min

5. Marcus sieht (→ sehen) sich die Abfahrtszeiten und Ankunftszeiten von Zügen an.
Schreibe die Zeitdauer in die Tabelle.

	a)	b)	c)	d)	e)
Abfahrt	7:45 Uhr	9:51 Uhr	16:50 Uhr	17:12 Uhr	20:01 Uhr
Ankunft	9:21 Uhr	12:49 Uhr	17:23 Uhr	19:03 Uhr	21:59 Uhr
Zeitdauer	__ h __ min	__ h __ min	__ h __ min	__ h __ min	__ h __ min

Zeit

1.

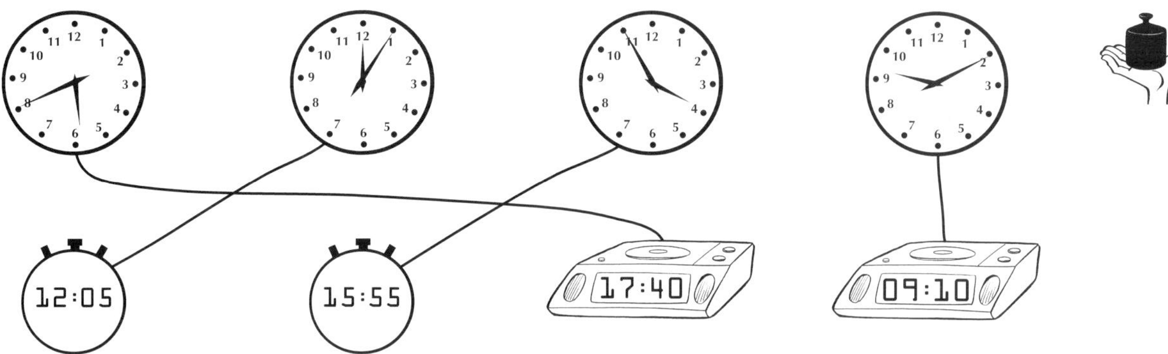

2. a) 

b)

c) 

3. a) 5 min = 300 s **b)** 2 d = 48 h **c)** 7 h = 420 min

d) 360 min = 6 h e) 180 s = 3 min f) 72 h = 3 d

4. a) 07:45 Uhr **b)** 13:20 Uhr **c)** 10:20 Uhr

5. ☒ Ilayda fährt um 8:04 Uhr mit dem Fahrrad zur Schule.

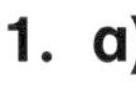

1. a) 

b) 

c) 

2. a) 35 min = 2100 s **b)** 4 d = 96 h **c)** 17 h = 1020 min

d) 480 min = 8 h e) 420 s = 7 min f) 144 h = 6 d

3. a) 6 min 12 s = 372 s **b)** 10 min 45 s = 645 s

c) 13 min 47 s = 827 s d) 21 min 59 s = 1319 s

4.

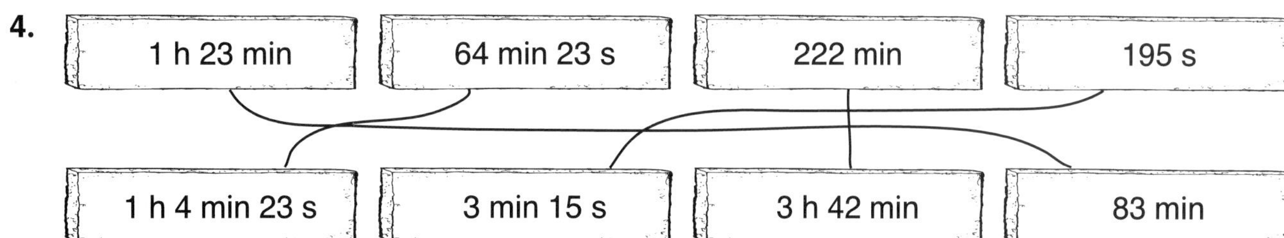

5.

a)	b)	c)	d)	e)
1 h 36 min	2 h 58 min	0 h 33 min	1 h 51 min	1 h 58 min

Diagramme

Diagramme

		das Balkendiagramm die Balkendiagramme *the bar chart*

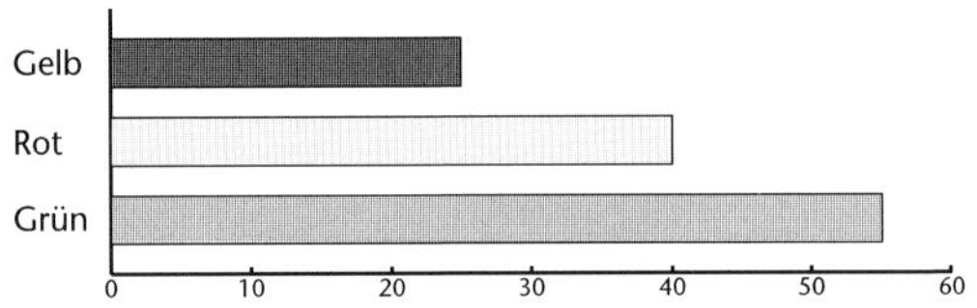

Gelb
Rot
Grün
0 10 20 30 40 50 60

Diagramme

		das Kreisdiagramm die Kreisdiagramme *the pie chart*

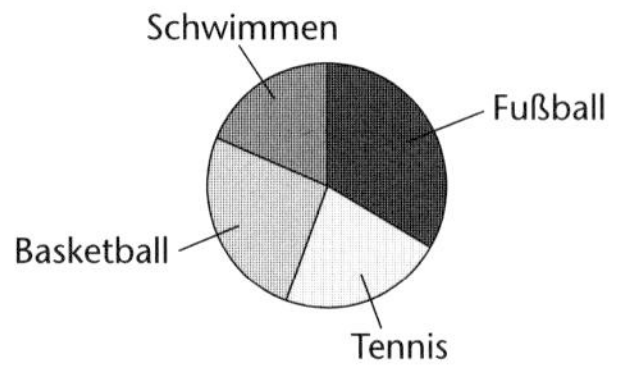

Schwimmen
Fußball
Basketball
Tennis

Diagramme

		das Säulendiagramm die Säulendiagramme *the column chart*

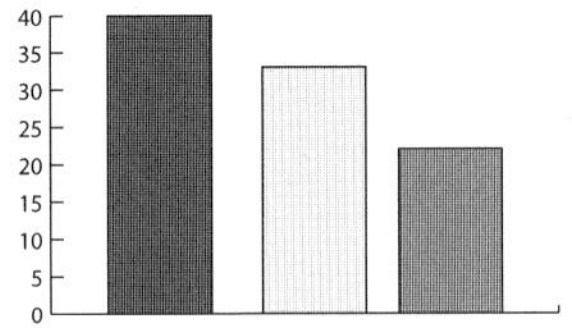

40 35 30 25 20 15 10 5 0

Diagramme

		die Strichliste die Strichlisten *the tally*

Fußball	卌 ||	**7**
Handball	|||	**3**
Basketball	卌	**5**

Diagramme

		die Umfrage die Umfragen *the survey*

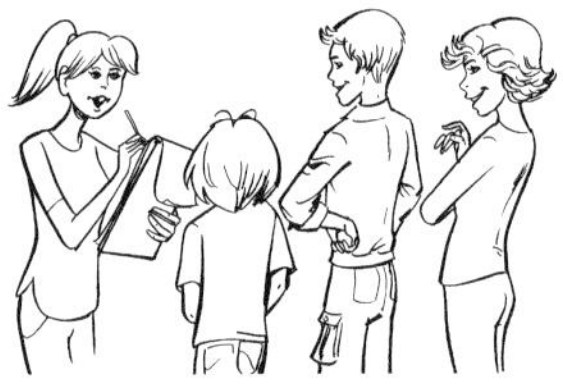

Diagramme

1. Susi hat in der großen Pause eine Umfrage in der Schule gemacht.

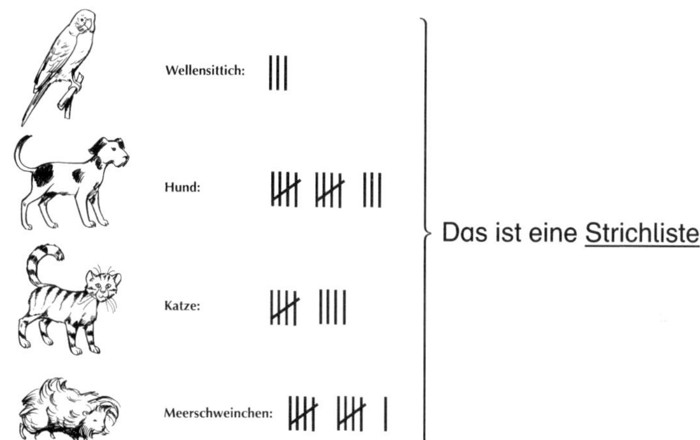

Das ist eine Strichliste.

a) Schreibe die Anzahl der Haustiere in die Kästchen.

Wellensittiche = ☐ Hunde = ☐

Katzen = ☐ Meerschweinchen = ☐

b) Zeichne die fehlenden Balken ein.

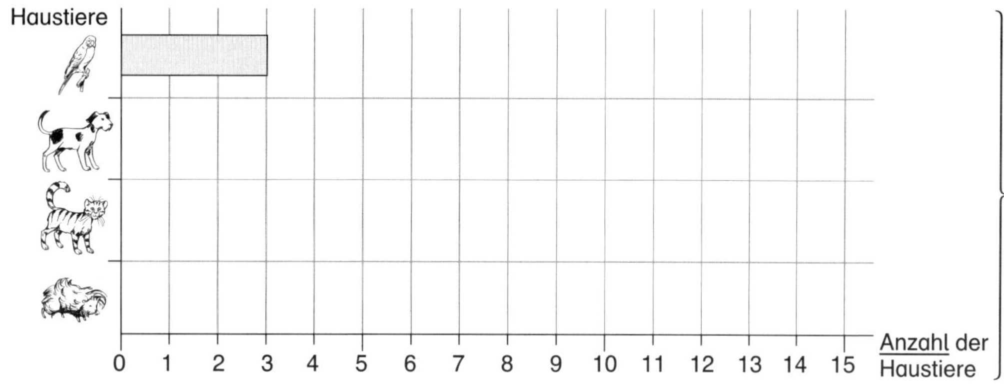

Das ist ein Balkendiagramm.

2. Betrachte das Säulendiagramm.

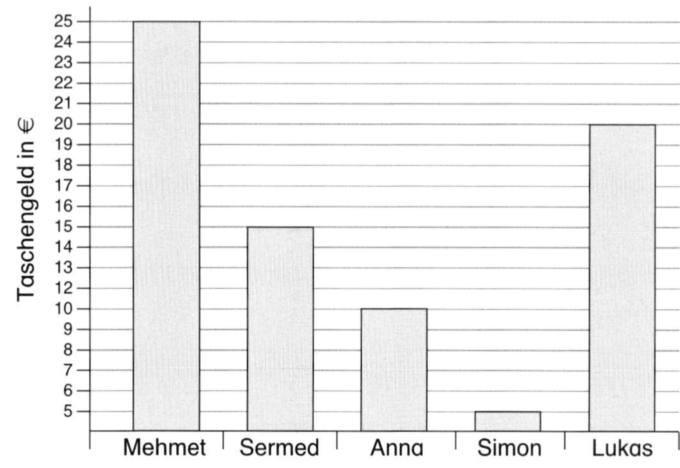

a) Lies (→ lesen) das Taschengeld in Euro ab und schreibe es in die Lücken.

- Mehmet bekommt ______ Euro.
- Sermed bekommt ______ Euro.
- Anna bekommt ______ Euro.
- Simon bekommt ______ Euro.
- Lukas bekommt ______ Euro.

b) Ordne das Taschengeld nach der Größe. Beginne mit der kleinsten (→ klein) Zahl.

______ € < ______  € < ______ € < ______  € < ______ €

Diagramme

1. a) Lies (→ lesen) die Temperaturen aus dem Säulendiagramm ab und schreibe sie in die Kästchen.

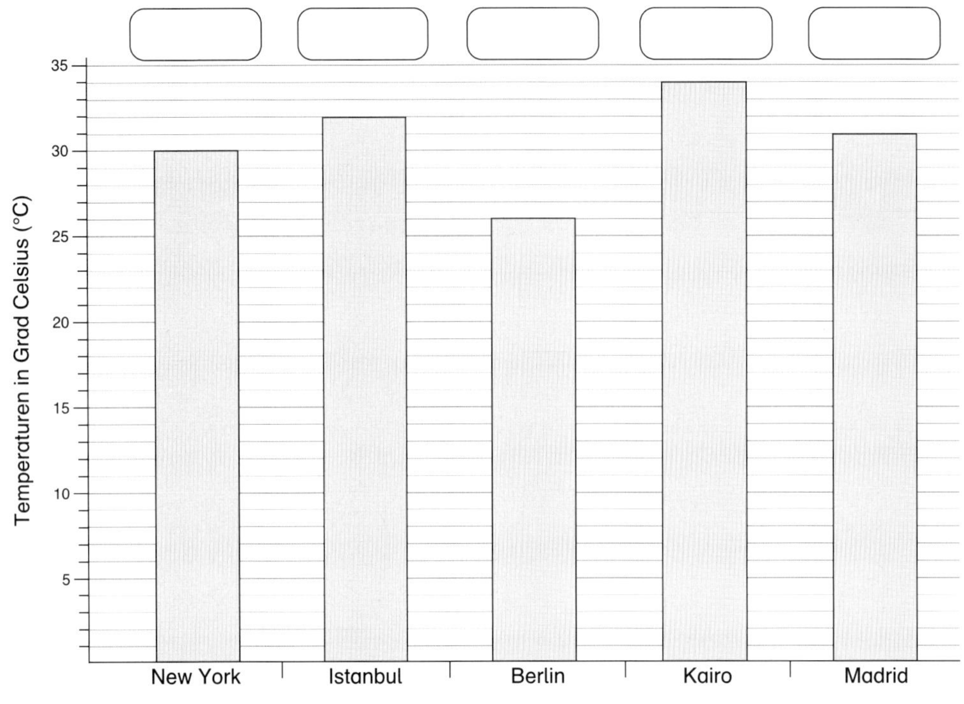

b) Ordne die Temperaturen nach der Größe. Beginne mit der größten (→ groß) Temperatur.

__________ > __________ > __________ > __________ > __________

2. Der Lehrer fragt acht Schüler nach ihrem Hobby.

Mehmet	Sermed	Anna	Costa	Ilayda	Lukas	Viktor und Simon

a) Schreibe die Anzahl der Schüler in die Kästchen.

Fußball = ☐ Basketball = ☐

Schwimmen = ☐ Tennis = ☐

b) Beschrifte das Kreisdiagramm.

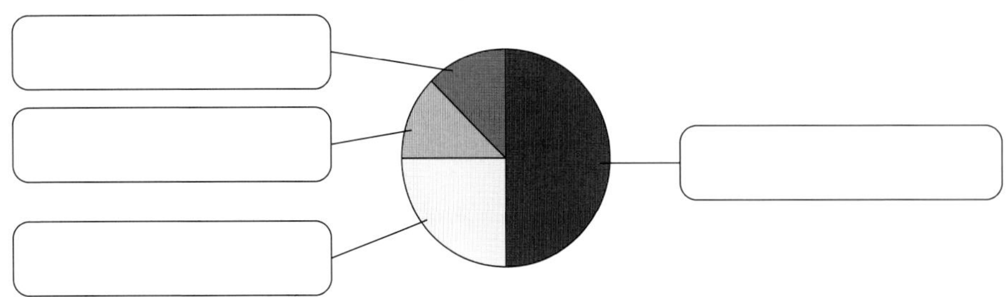

Diagramme

1. a) Wellensittiche = 3 Hunde = 13 Katzen = 9 Meerschweinchen = 11

b)

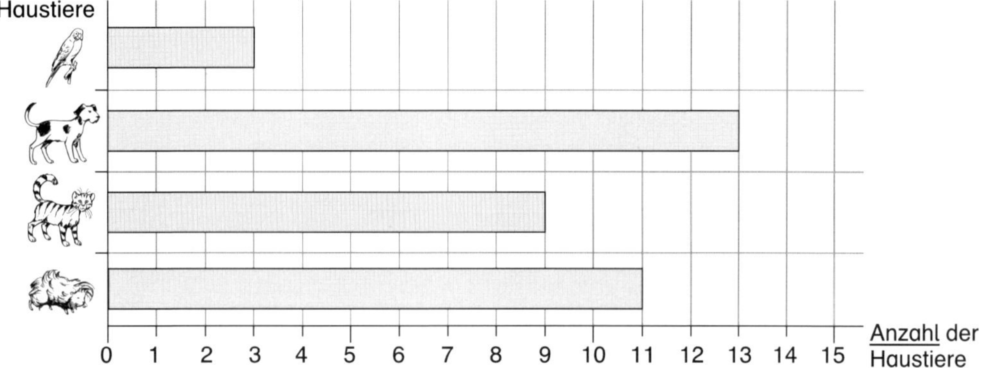

2. a)
- Mehmet bekommt 25 Euro.
- Sermed bekommt 15 Euro.
- Anna bekommt 10 Euro.
- Simon bekommt 5 Euro.
- Lukas bekommt 20 Euro.

b) 5 € < 10 € < 15 € < 20 € < 25 €

---

1. a) 30 °C 32 °C 26 °C 34 °C 31 °C

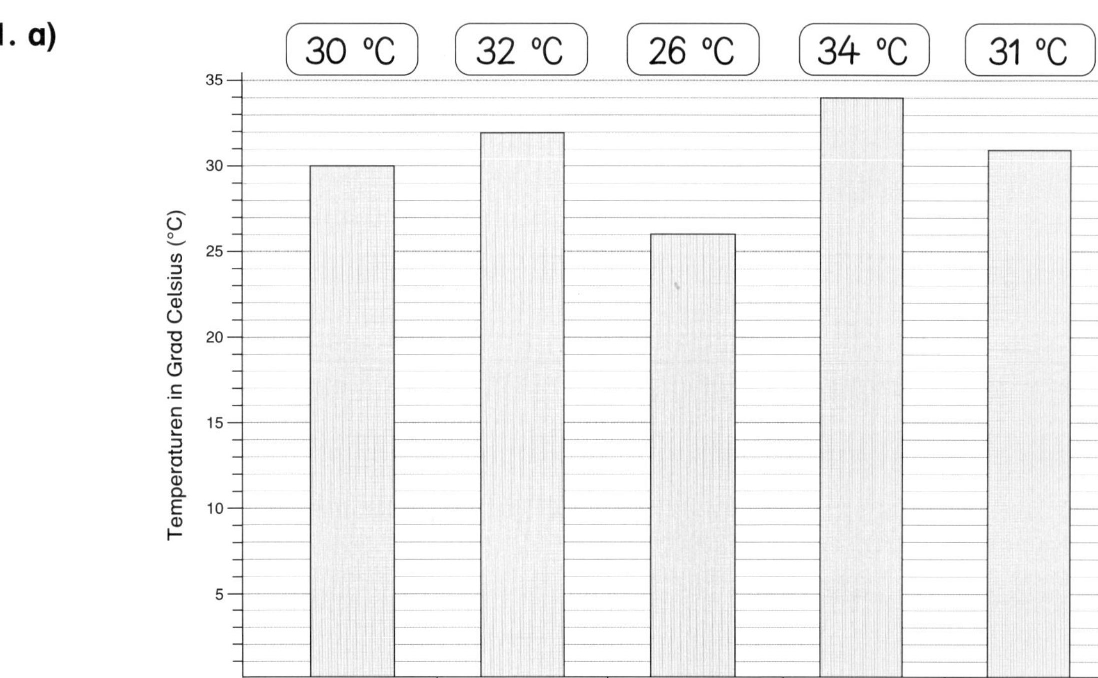

b) 34 °C > 32 °C > 31 °C > 30 °C > 26 °C

2. a) Fußball = 4 Basketball = 1 Schwimmen = 1 Tennis = 2

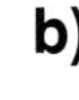

b)

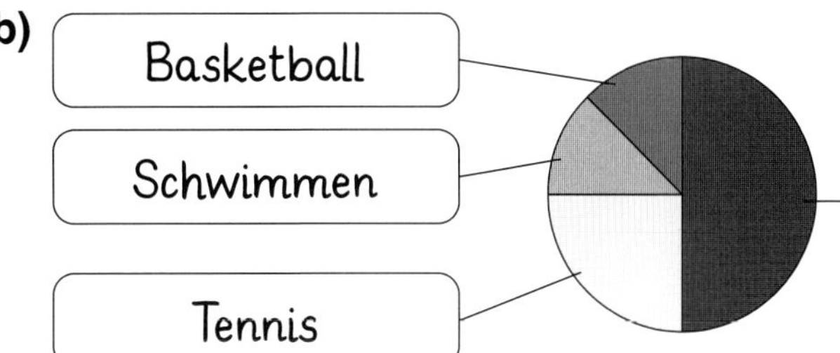

Brüche

Brüche		
		der Bruchstrich die Bruchstriche *the fraction line*

$\frac{3}{4}$ ← Bruchstrich

Brüche		
		der Nenner die Nenner *the denominator*

$\frac{5}{7}$ ← Nenner

Brüche		
		das Stück die Stücke *the piece*

Brüche		
		der Zähler die Zähler *the numerator*

$\frac{5}{7}$ ← Zähler

<table>
<tr>
<td>Sabine hat Geburtstag.
Die <u>ganze</u> Torte hat
8 <u>Stücke</u>.

</td>
<td>Sabine isst (→ <u>essen</u>)
1 Stück.
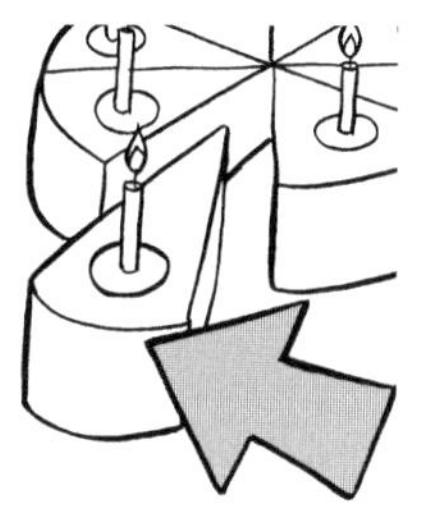</td>
<td>Es gibt noch 7 von 8 Stücken.
Das sind $\frac{7}{8}$ der Torte.

7 von 8 = $\frac{7}{8}$</td>
</tr>
</table>

<u>Regel</u>: $\frac{7}{8}$ ist ein <u>Bruch</u>.

1. Es gibt Torten zum <u>Essen</u>. <u>Schreibe</u> die <u>richtige</u> <u>Zahl</u> in die <u>Kästchen</u>.

a)

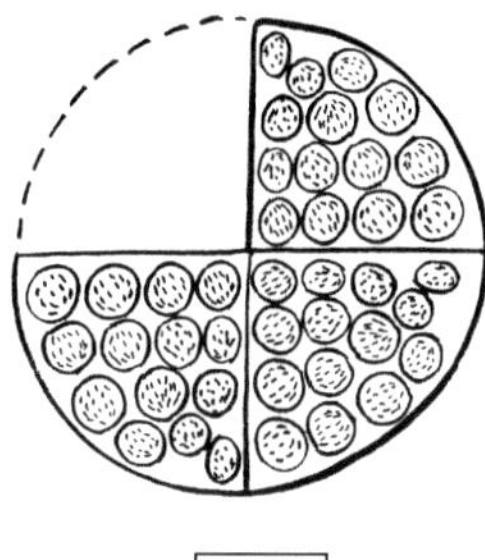

$\frac{\square}{4}$

b)

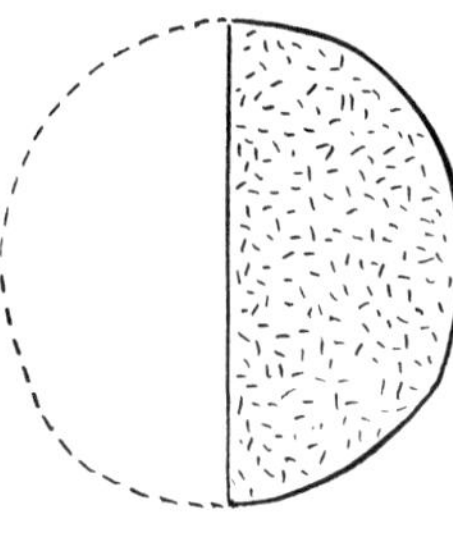

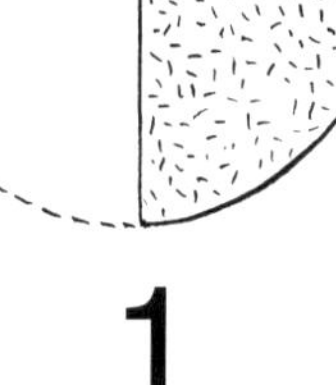

$\frac{1}{\square}$

c)

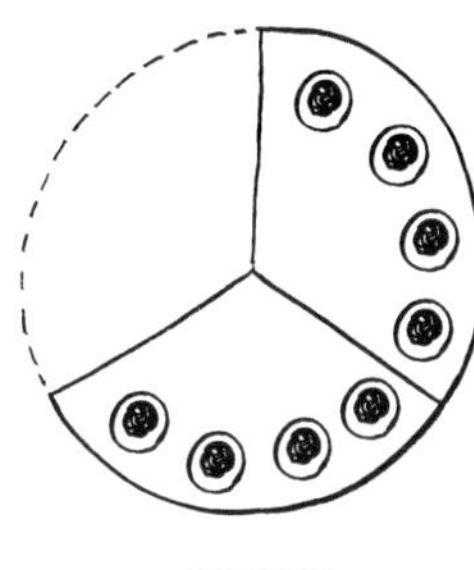

$\frac{\square}{\square}$

d)

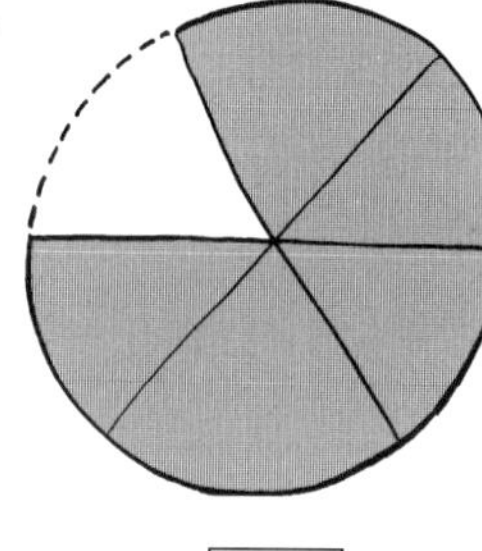

$\frac{\square}{\square}$

2. <u>Markiere</u> mit einem <u>Buntstift</u> den <u>Anteil</u> vom <u>ganzen</u> Kuchen.

a) $\frac{1}{3}$ vom Kuchen

b) $\frac{5}{9}$ vom Kuchen

Brüche 2

3. Mesut und Pierre essen 1 Pizza.

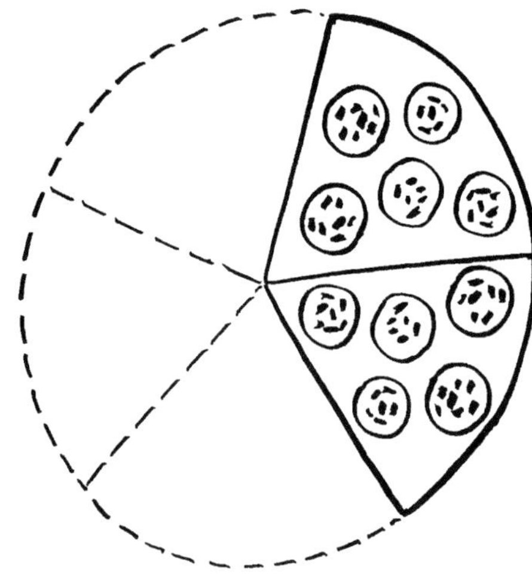

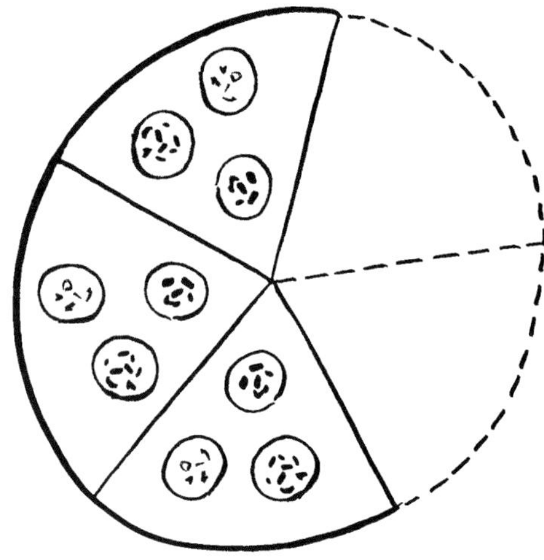

Mesut isst (→ essen) _____ Stücke Pizza.

Pierre isst _____ Stücke Pizza.

Kreuze (→ ankreuzen) die richtige Erklärung an.

☐ Mesut isst mehr (→ viel) Stücke Pizza als Pierre.

☐ Pierre isst mehr Stücke Pizza als Mesut.

4. Schreibe die richtigen Zähler und Nenner in die Kästchen.

a)

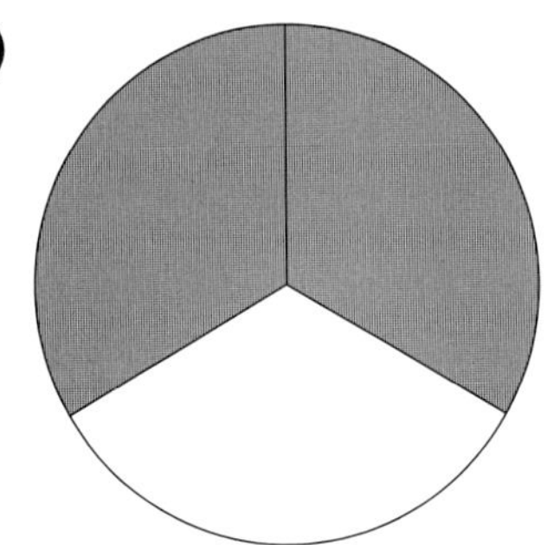

$\frac{2}{\square}$

b)

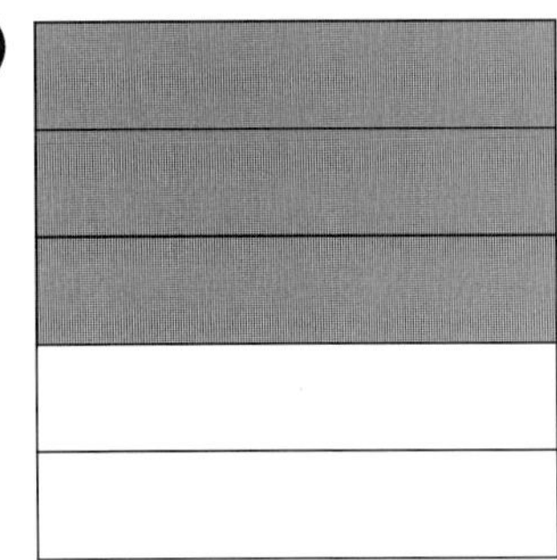

$\frac{\square}{\square}$

c)

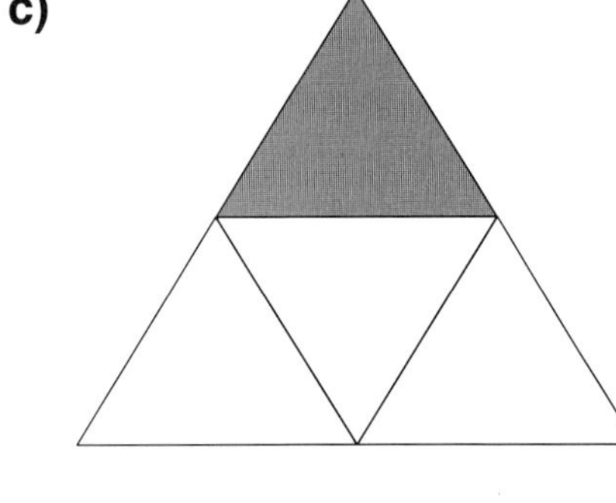

$\frac{\square}{\square}$

Brüche

1. a)

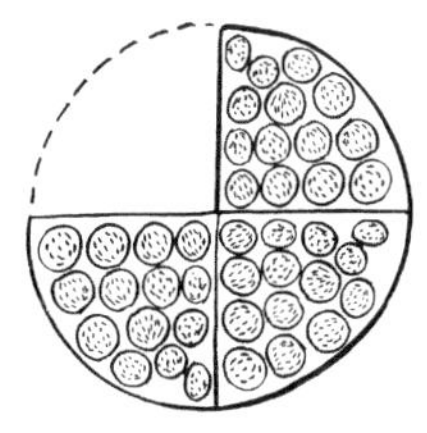

$\frac{3}{4}$

b)

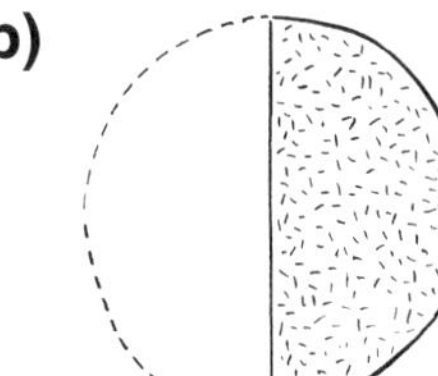

$\frac{1}{2}$

c)

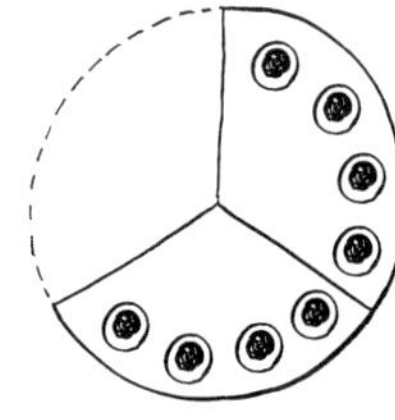

$\frac{2}{3}$

d)

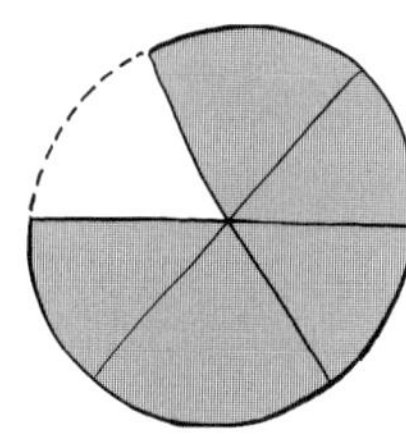

$\frac{5}{6}$

2. a) $\frac{1}{3}$ vom Kuchen

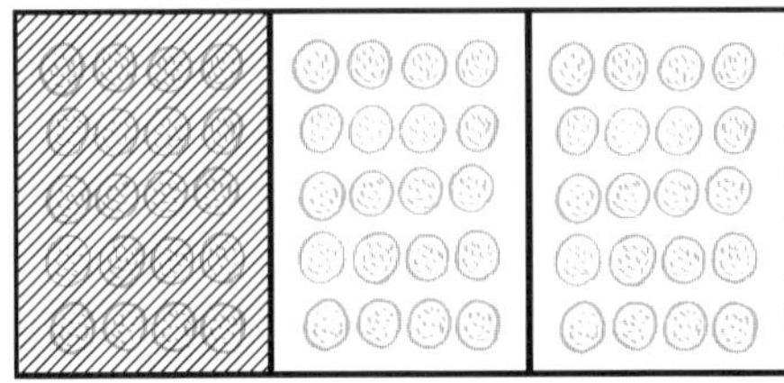

b) $\frac{5}{9}$ vom Kuchen

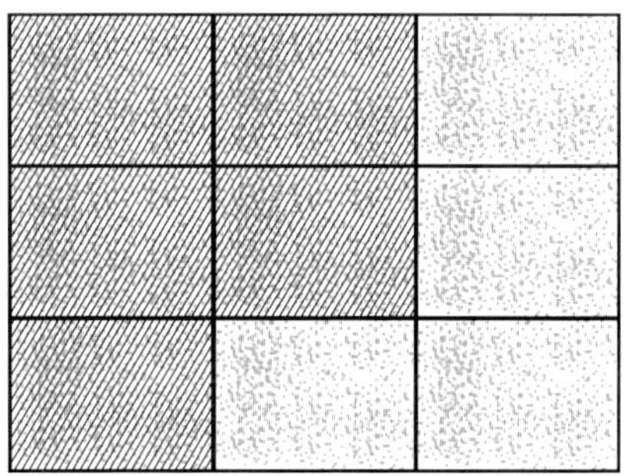

3.

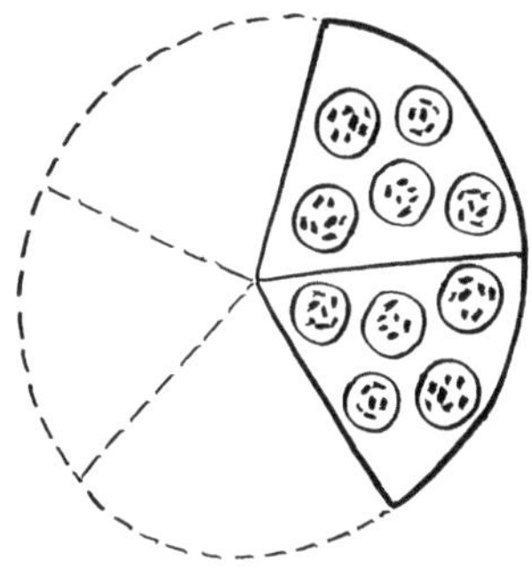

Mesut isst (→ <u>essen</u>) 3 <u>Stücke</u> Pizza.

Pierre isst 2 Stücke Pizza.

- [x] Mesut isst mehr (→ <u>viel</u>) Stücke Pizza als Pierre.
- [ ] Pierre isst mehr Stücke Pizza als Mesut.

4. a)

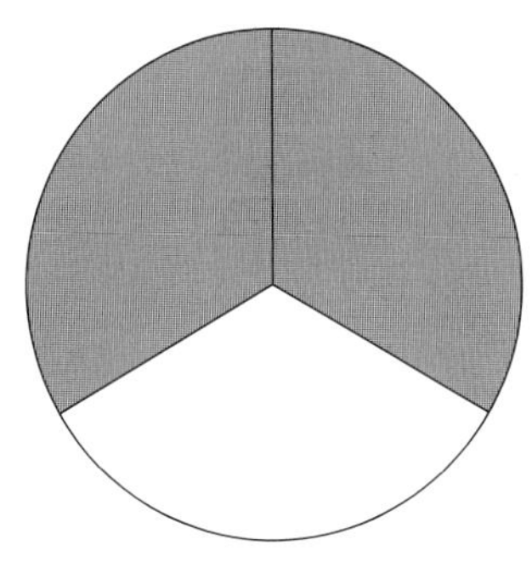

$\frac{2}{3}$

b)

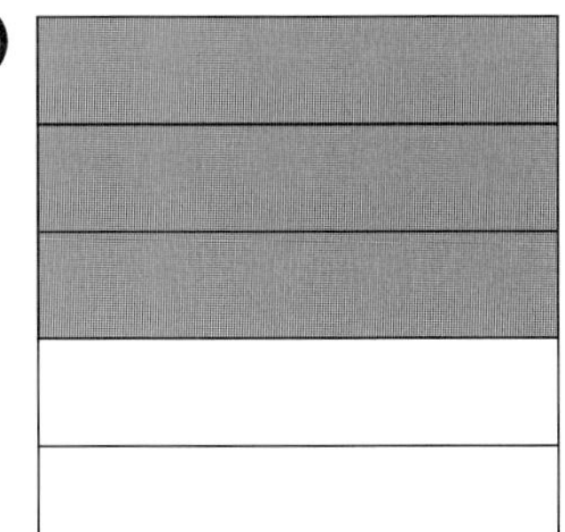

$\frac{3}{5}$

c)

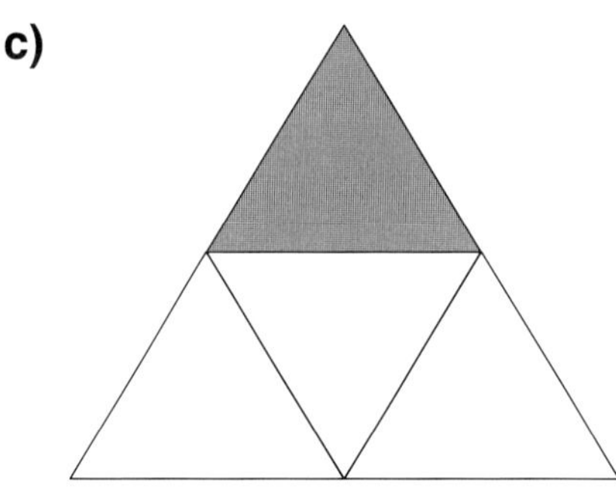

$\frac{1}{4}$

Sabine hat Geburtstag. Die <u>ganze</u> Torte hat acht <u>Stücke</u>.	Sabine isst (→ <u>essen</u>) ein Stück.	Es gibt noch sieben von acht Stücken. Das sind $\frac{7}{8}$ der Torte.
	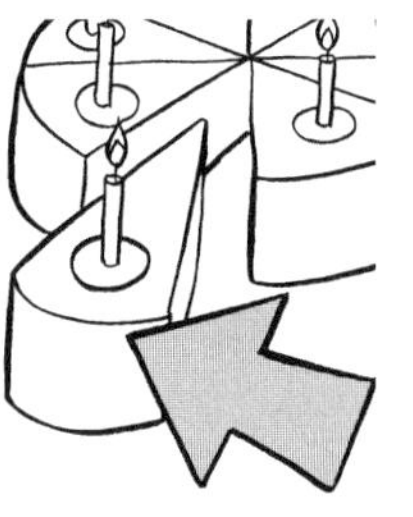	 7 von 8 = $\frac{7}{8}$

<u>Regel</u>: $\frac{7}{8}$ ist ein <u>Bruch</u>.

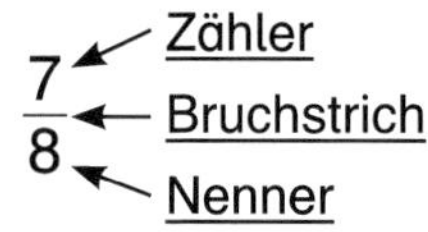

1. Schreibe die richtigen <u>Zähler</u> und <u>Nenner</u> in die Kästchen.

a)

$\frac{2}{\square}$

b)

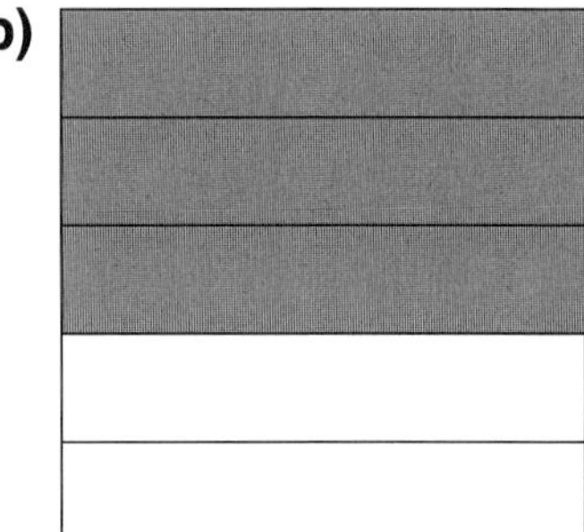

$\frac{\square}{\square}$

c)

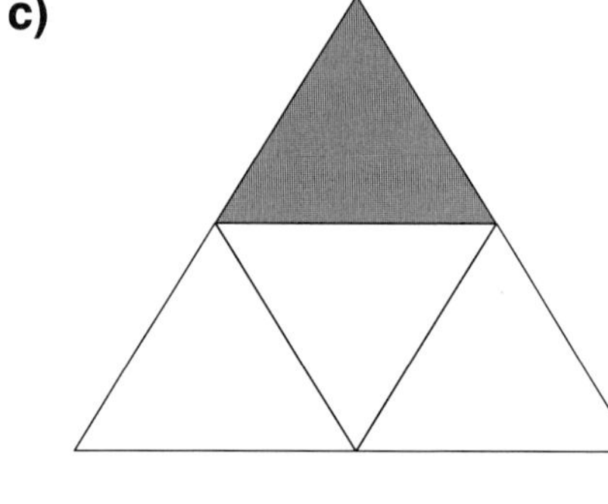

$\frac{\square}{\square}$

Brüche 2

2. Male (→ anmalen) den richtigen Anteil mit einem Buntstift an.

a)

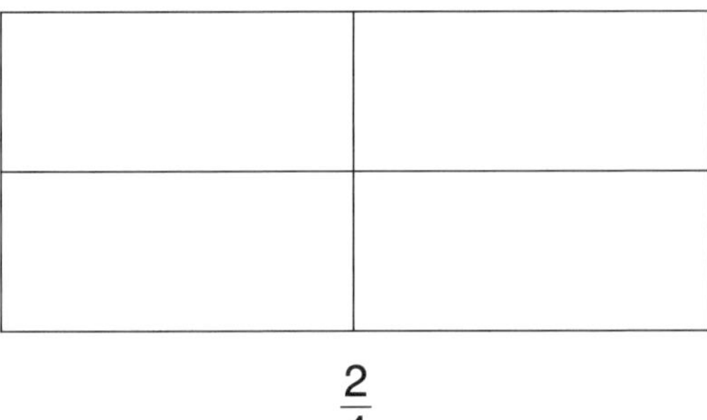

$\frac{2}{4}$

b)

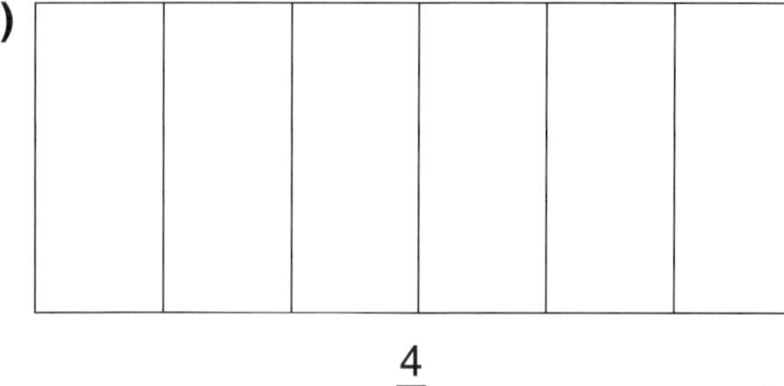

$\frac{4}{6}$

c)

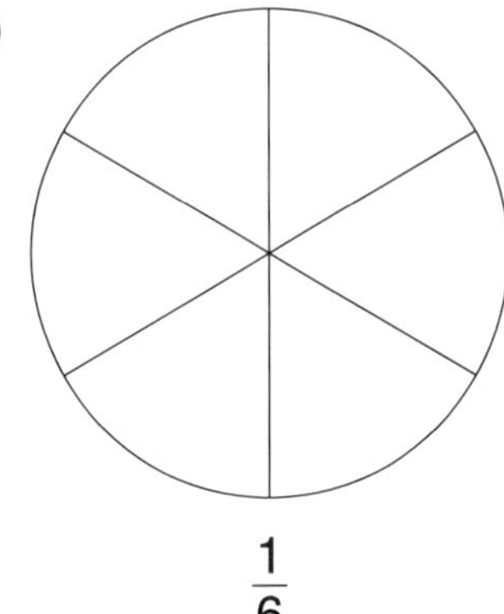

$\frac{1}{6}$

b)

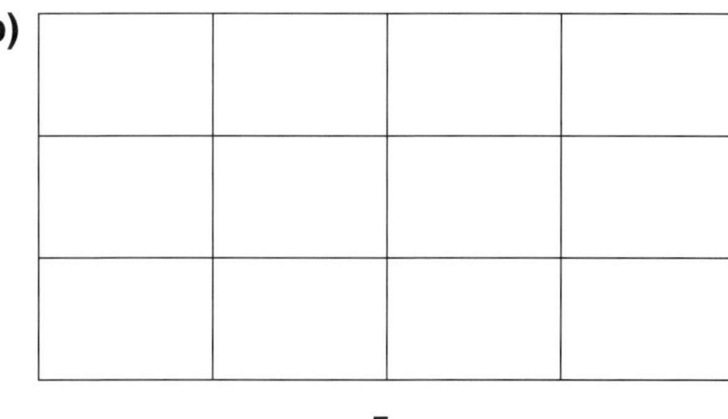

$\frac{5}{12}$

3. Fülle die Lücken und Kästchen. Kreuze (→ ankreuzen) die richtige Erklärung an.

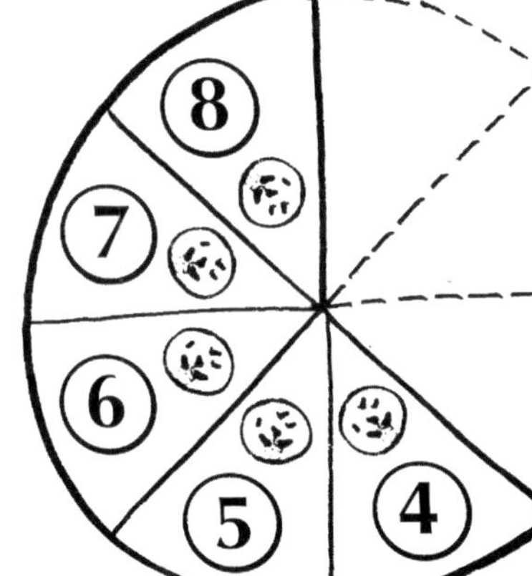

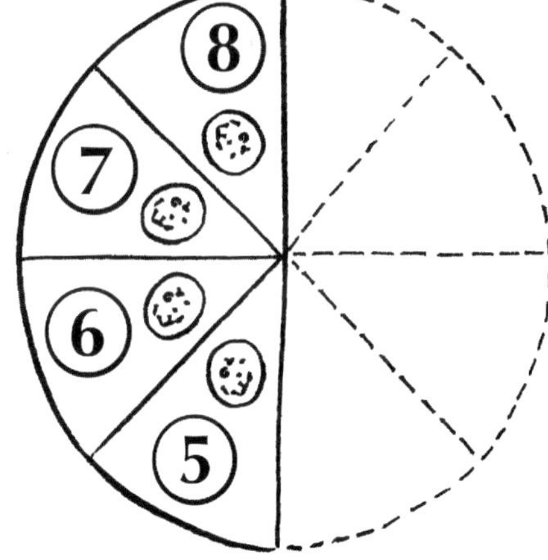

Hasan isst (→ essen) _____ Stücke Pizza.

Bruch: $\frac{\square}{\square}$

Sinan isst _____ Stücke Pizza.

Bruch: $\frac{\square}{\square}$

Wer isst mehr (→ viel)?

☐ Hasan
☐ Sinan

Brüche

1. a)

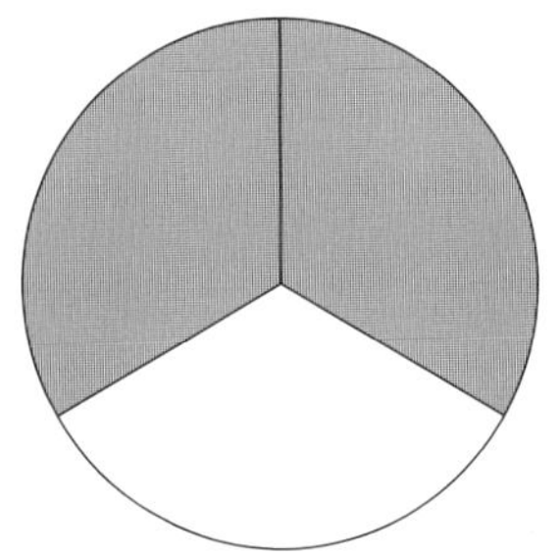

$\frac{2}{3}$

b)

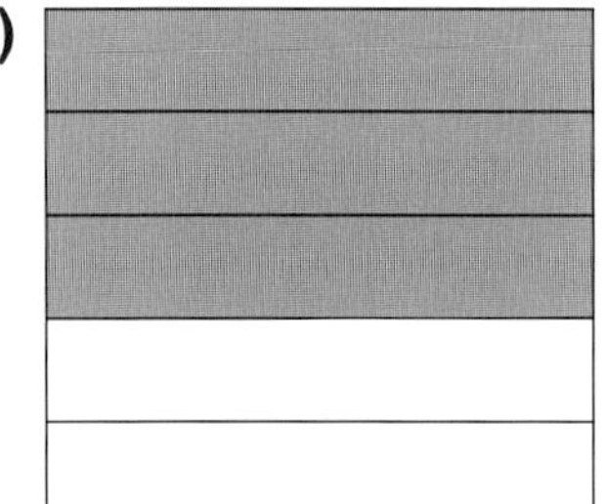

$\frac{3}{5}$

c)

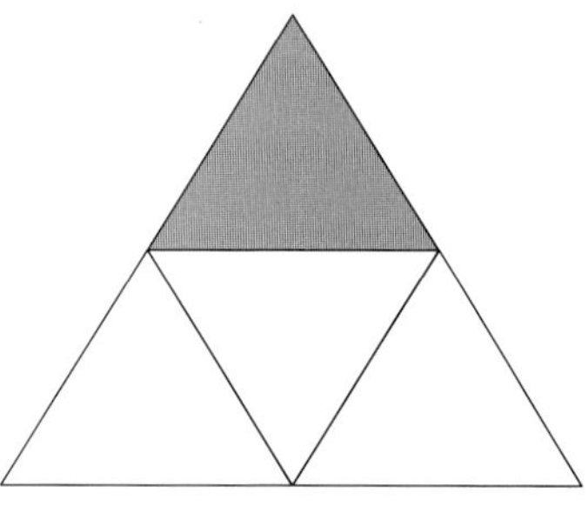

$\frac{1}{4}$

2. a)

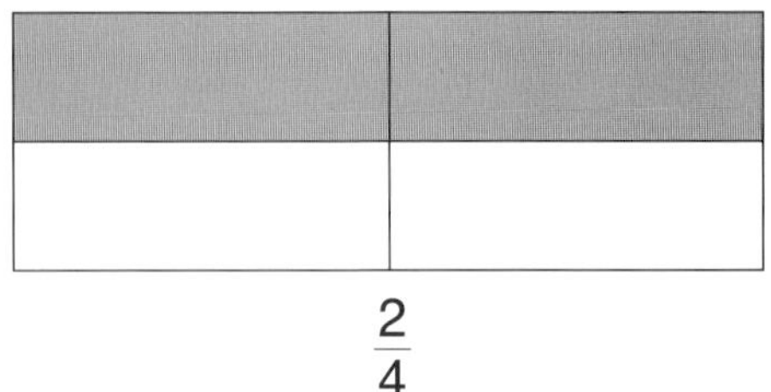

$\frac{2}{4}$

b)

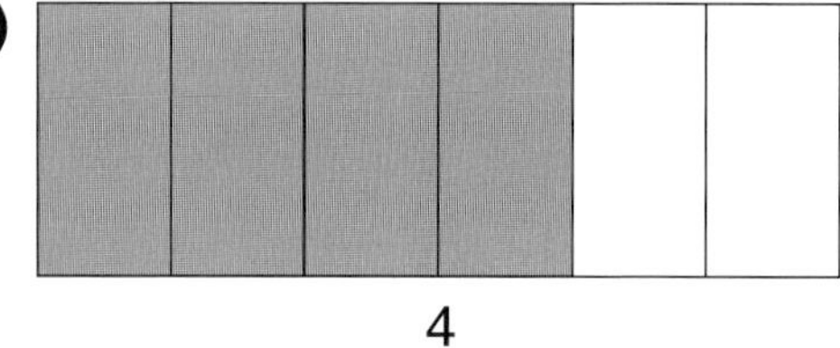

$\frac{4}{6}$

c)

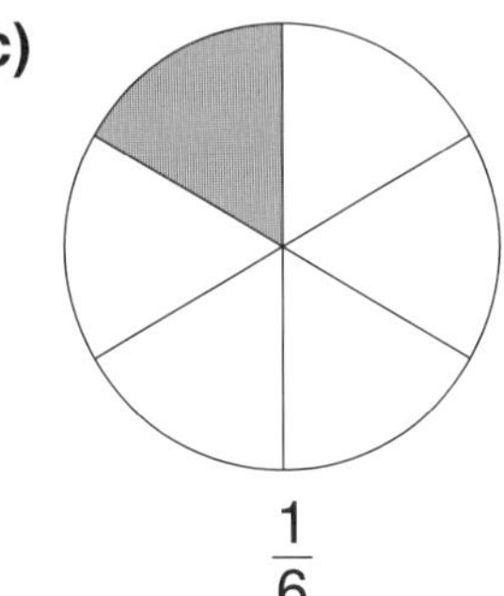

$\frac{1}{6}$

b)

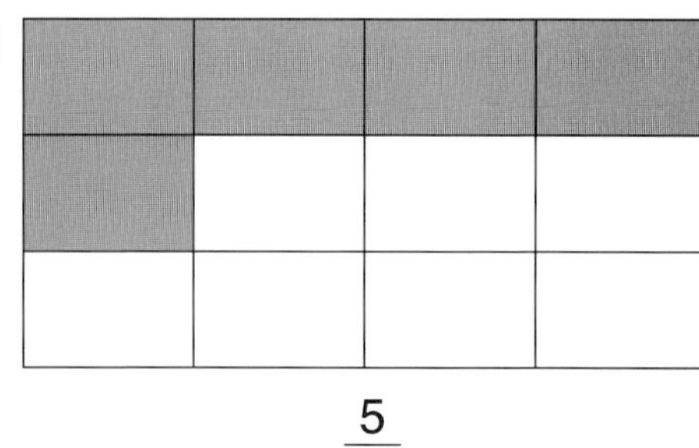

$\frac{5}{12}$

3.

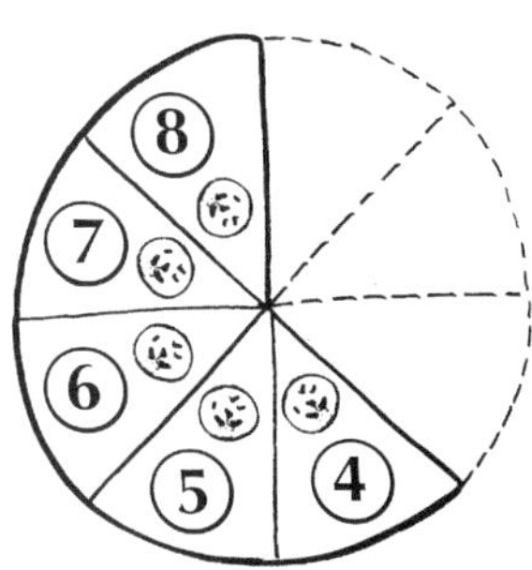

Hasan isst (→ essen) 3 Stücke Pizza.

Bruch: $\frac{3}{8}$

Sinan isst 4 Stücke Pizza.

Bruch: $\frac{4}{8}$

Wer isst mehr (→ viel)?

☐ Hasan

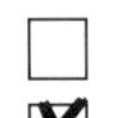 Sinan

Dezimalzahlen

Dezimalzahlen

abrunden runde ab! *to round down*	abgerundet *rounded*	

$3{,}24 \approx 3{,}2$

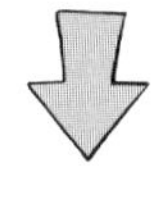

Dezimalzahlen

aufrunden runde auf! *to round up*	aufgerundet *rounded up*	

$8{,}69 \approx 8{,}7$

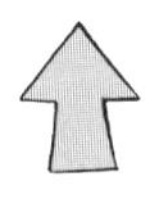

Dezimalzahlen

		das Hundertstel die Hundertstel *the hundreths*

Zahl: 26,85

Hunderter	Zehner	Einer	Zehntel	**Hundertstel**
0	2	6	8	**5**

Dezimalzahlen

		die Nachkommastelle die Nachkommastellen *the decimal places*

17,**4**

Dezimalzahlen

		das Zehntel die Zehntel *the tenths*

Zahl: 26,85

Hunderter	Zehner	Einer	**Zehntel**	Hundertstel
0	2	6	**8**	5

Dezimalzahlen 1

1. Dennis ist auf dem Markt. Er kauft eine Schale Erdbeeren für 1,49 Euro und eine Tüte Äpfel für 2,22 Euro.

Berechne (→ rechnen) den Preis.
Addiere die beiden Preise.

	1,	4	9	€
+	2,	2	2	€

Addition von Dezimalzahlen

Lösung: Dennis muss _______ Euro zahlen.

2. Dennis gibt dem Verkäufer 5,80 Euro. Berechne (→ rechnen), wie viel Geld Dennis zurückbekommt. Subtrahiere den Preis von 5,80 Euro.

	5,	8	0	€
–	3,	7	1	€

Subtraktion von Dezimalzahlen

Lösung: Dennis bekommt _______ vom Verkäufer zurück.

> Regel: Eine Zahl mit Nachkommastellen nennst du eine Dezimalzahl.

3. Berechne (→ rechnen) die Aufgaben.

a)					
		5,	1	2	5	kg
	–	3,	7	2	8	kg
		,				kg

b)						
		1,	7	5	0	kg
	+	0,	9	2	5	kg
		,				kg

c)						
		9	1,	4	7	€
	–	2	8,	9	9	€
			,			€

d)						
		1	7,	1	2	€
	+	2	6,	3	9	€
			,			€

4. a) Kristina geht mit Tamina und Julia ins Kino. 1 Ticket kostet 7,65 Euro.
Kristina bezahlt (→ zahlen) alle 3 Tickets. Berechne (→ rechnen) den Preis.

7,	6	5	€	·	3	
						€

} Multiplikation von Dezimalzahlen

Lösung: Kristina bezahlt insgesamt _______ Euro für die 3 Tickets.

b) Leon geht mit seiner ganzen Familie ins Kino. Insgesamt sind es 8 Personen.
Berechne (→ rechnen) den Preis für 8 Personen:

7,	6	5	€	·		
						€

Lösung: Insgesamt kostet es für 8 Personen _______ Euro.

> Regel: Dezimalzahlen kannst du runden:
> Die Zahlen 0, 1, 2, 3, 4: abrunden
> Die Zahlen 5, 6, 7, 8, 9: aufrunden

5. Runde auf die 1. Nachkommastelle:

Beispiel: 4,25 ≈ 4,3

aufrunden

17,33 ≈ 17,3
abrunden

a) 23,74 ≈ _______ **b)** 8,87 ≈ _______ **c)** 12,09 ≈ _______

d) 134,66 ≈ _______ **e)** 49,23 ≈ _______

1.

	1,	4	9	€
+	2,	2	2	€
		1		
	3,	7	1	€

Lösung: Dennis muss 3,71 Euro zahlen.

2.

	5,	8	0	€
–	3,	7	1	€
		1		
	2,	0	9	€

Lösung: Dennis bekommt 2,09 vom Verkäufer zurück.

3.

a)		5,	1	2	5	kg
	–	3,	7	2	8	kg
		1	1	1		
		1,	3	9	7	kg

b)		1,	7	5	0	kg
	+	0,	9	2	5	kg
		1				
		2,	6	7	5	kg

c)		9	1,	4	7	€
	–	2	8,	9	9	€
		1	1	1		
		6	2,	4	8	€

d)		1	7,	1	2	€
	+	2	6,	3	9	€
		1		1		
		4	3,	5	1	€

4. a)

7,	6	5	€	·	3	
		2	2,	9	5	€

Lösung: Kristina bezahlt (→ zahlen) insgesamt 22,95 Euro für die 3 Tickets.

b)

7,	6	5	€	·	8	
		6	1,	2	0	€

Lösung: Insgesamt kostet es für 8 Personen 61,20 Euro.

5. a) 23,74 ≈ 23,7 **b)** 8,87 ≈ 8,9 **c)** 12,09 ≈ 12,1

d) 134,66 ≈ 134,7 **e)** 49,23 ≈ 49,2

1. Nils ist mit seinem Roller an der Tankstelle. Er tankt 9 Liter. Berechne (→ rechnen) den Preis für 9 Liter Benzin.

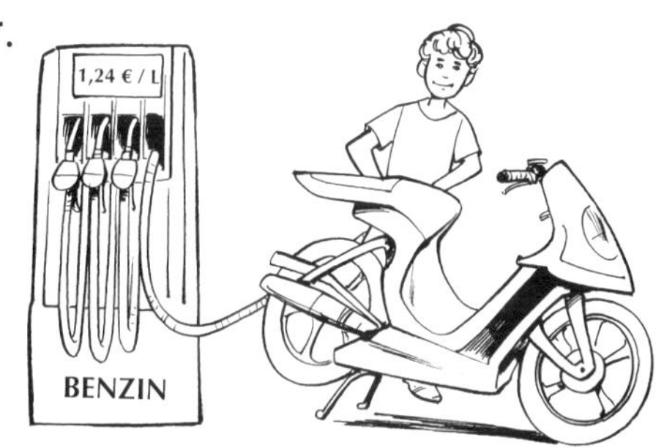

1,	2	4	€	·	9	
						€

} Multiplikation von Dezimalzahlen

Lösung: 9 Liter Benzin kosten ________ Euro.

2. Nils kauft bei der Tankstelle auch einen Donut und eine Tüte Chips. Berechne (→ rechnen) den Preis für die 9 Liter Benzin, den Donut und die Tüte Chips.

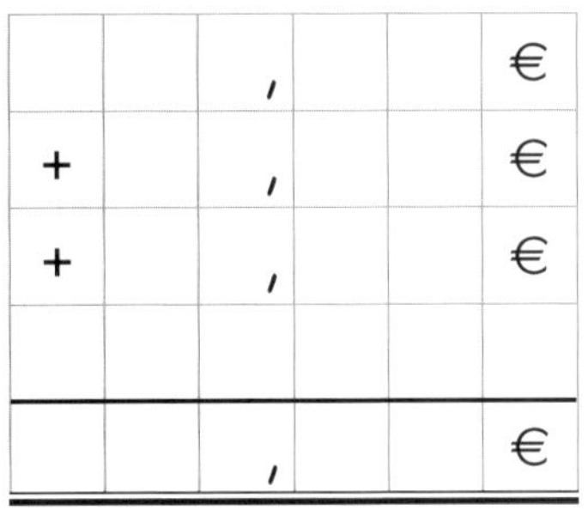

		,			€	← 9 Liter Benzin
+		,			€	← 1 Donut
+		,			€	← 1 Tüte Chips
		,			€	

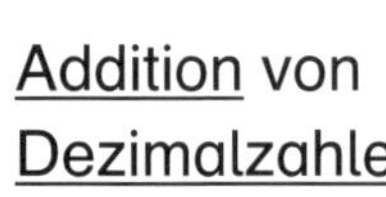

} Addition von Dezimalzahlen

Lösung: Nils muss ________ Euro zahlen.

3. Nils gibt der Verkäuferin 20 Euro. Berechne (→ rechnen), wie viel Geld Nils zurückbekommt.

	2	0,	0	0	€
–	1	4,	9	0	€
		,			€

} Subtraktion von Dezimalzahlen

Lösung: Nils bekommt ________ Euro von der Verkäuferin zurück.

Regel: 4,25 ist eine Dezimalzahl, weil die Zahl Nachkommastellen hat.

Dezimalzahlen 2

Erklärung: 2,35 + 3,40 = 5,75
→ Wenn die Zahlen bei einer Aufgabe **zwei Nachkommastellen** haben, hat die Lösung auch **zwei Nachkommastellen.**

4,162 + 2,210 = 6,372
→ Wenn die Zahlen bei einer Aufgabe **drei Nachkommastellen** haben, hat die Lösung auch **drei Nachkommastellen**.

4. Berechne (→ rechnen) die Aufgaben mit Dezimalzahlen.

a)		1	2,	9	9	€
	+		6,	1	2	€
	+		4,	8	7	€
			,			€

b)		7	1,	9	8	7	kg
	–	1	2,	0	5	0	kg
	–		7,	1	4	6	kg
			,				kg

c)	1	9,	7	5	€	·	1	7	
						,			€

5. Ordne die Dezimalzahlen nach ihrer Größe. Beginne mit der kleinsten (→ klein) Dezimalzahl.

12,57   13,79   12,75   11,43   13,97

11,43 < ____________ < ____________ < ____________ < ____________

Regel: Dezimalzahlen kannst du auf die Einer oder die Nachkommastellen runden:
Die Zahlen 0, 1, 2, 3, 4: abrunden
Die Zahlen 5, 6, 7, 8, 9: aufrunden

6. a) Runde auf die Einer.

31,7 ≈ ________   19,8 ≈ ________   120,4 ≈ ________

b) Runde auf die 1. Nachkommastelle (Zehntel).

22,43 ≈ ________   18,61 ≈ ________   34,25 ≈ ________

c) Runde auf die 2. Nachkommastelle (Hundertstel).

6,783 ≈ ________   29,317 ≈ ________   17,935 ≈ ________

1.

1,	2	4	€	·	9	
		1	1,	1	6	€

Lösung: 9 Liter Benzin kosten 11,16 Euro.

2.

	1	1,	1	6	€
+		1,	1	9	€
+		2,	5	5	€
			2		
	1	4,	9	0	€

← 9 Liter Benzin
← 1 Donut
← 1 Tüte Chips

Lösung: Nils muss 14,90 Euro zahlen.

3.

	2	0,	0	0	€
–	1	4,	9	0	€
	1	1			
	0	5,	1	0	€

Lösung: Nils bekommt 5,10 Euro von der Verkäuferin zurück.

4.

a)		1	2,	9	9	€
	+		6,	1	2	€
	+		4,	8	7	€
		1	1	1		
		2	3,	9	8	€

b)		7	1,	9	8	7	kg
	–	1	2,	0	5	0	kg
	–		7,	1	4	6	kg
		1		1			
		5	2,	7	9	1	kg

c)	1	9,	7	5	€	·	1	7	
				1	9	7,	5		
				1	3	8,	2	5	
				1	1				
				3	3	5,	7	5	€

5. 11,43 < 12,57 < 12,75 < 13,79 < 13,97

6. a) 31,7 ≈ 32   19,8 ≈ 20   120,4 ≈ 120

b) 22,43 ≈ 22,4   18,61 ≈ 18,6   34,25 ≈ 34,3

c) 6,783 ≈ 6,78   29,317 ≈ 29,32   17,935 ≈ 17,94

Kreis

Kreis		
		der Durchmesser die Durchmesser *the diameter*

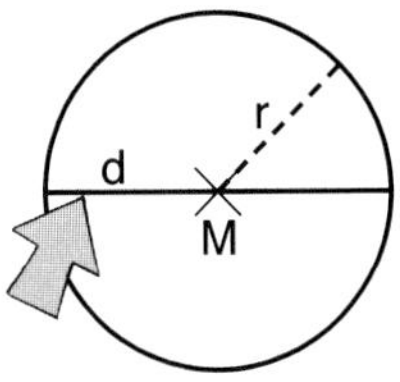

d r M

Kreis		
		der Halbkreis die Halbkreise *the semicircle*

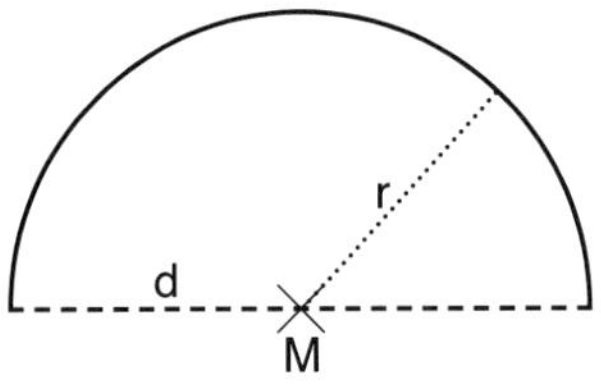

d r M

Kreis		
konstruieren konstruiere! *to construct*		die Konstruktion die Konstruktionen *the construction*

Kreis		
		der Mittelpunkt die Mittelpunkte *the centre*

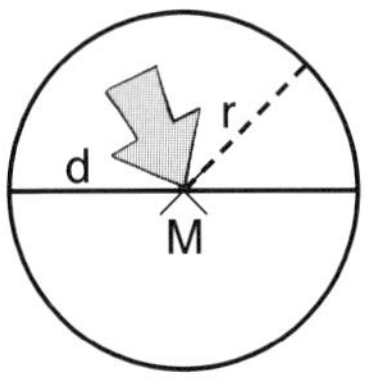

d r M

Kreis		
		der Radius die Radien *the radius*

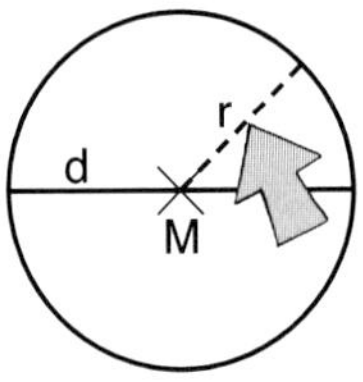

d r M

Kreis		
		der Zirkel die Zirkel *the circle*

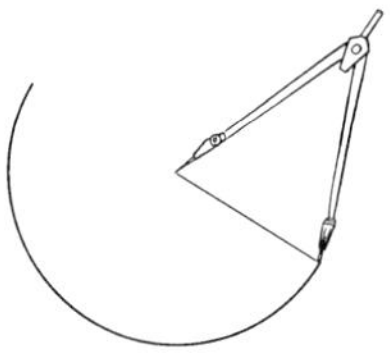

Kreis

Gregor zeichnet einen Kreis mit einem Zirkel.

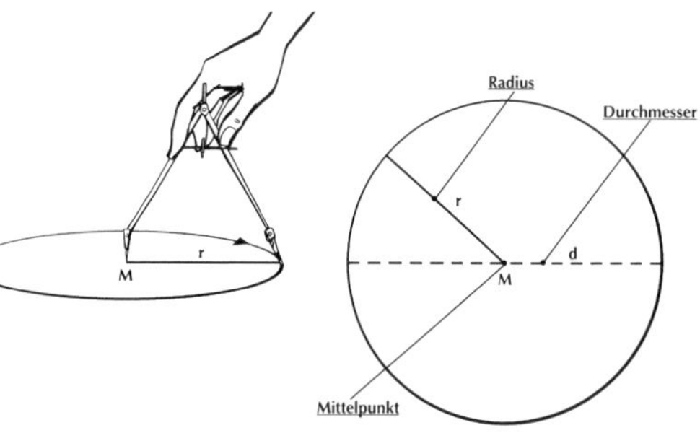

1. Konstruiere die Kreise mit dem Zirkel.

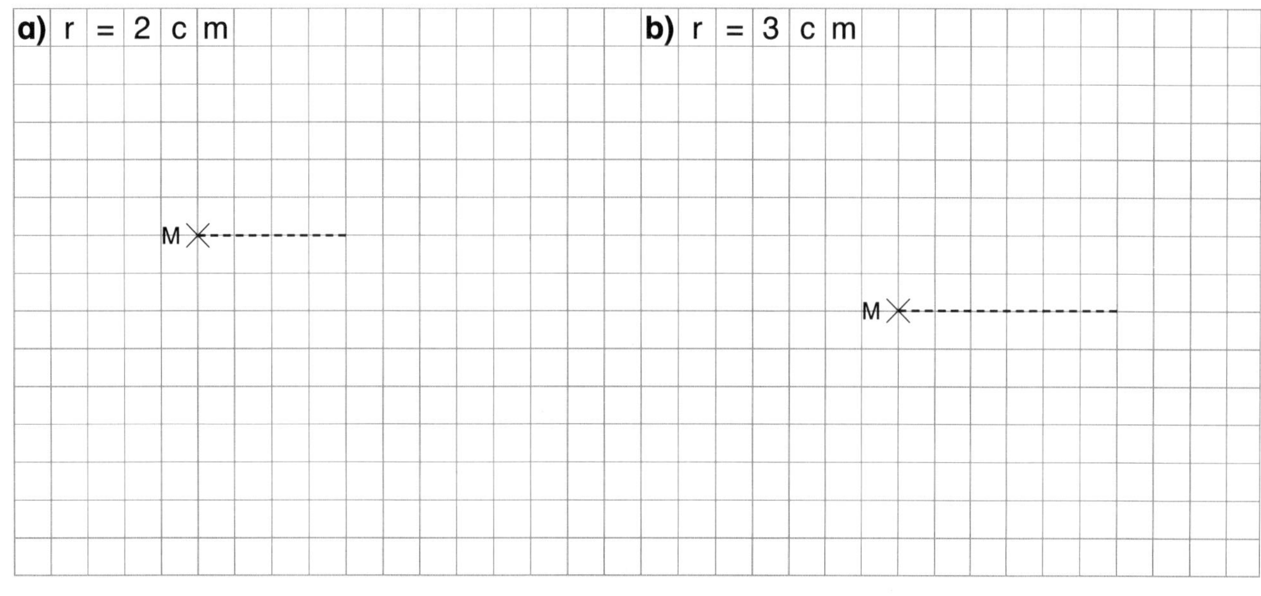

2. Miss (→ messen) die Längen der Radien (→ Radius) und die Längen der Durchmesser mit deinem Geodreieck. Schreibe in die Lücken.

a)

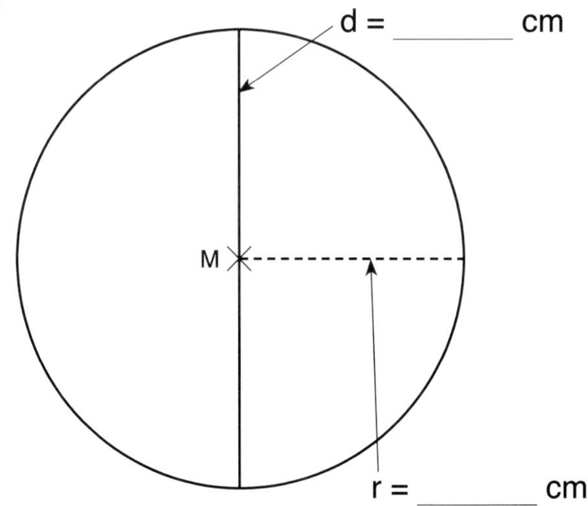

b)

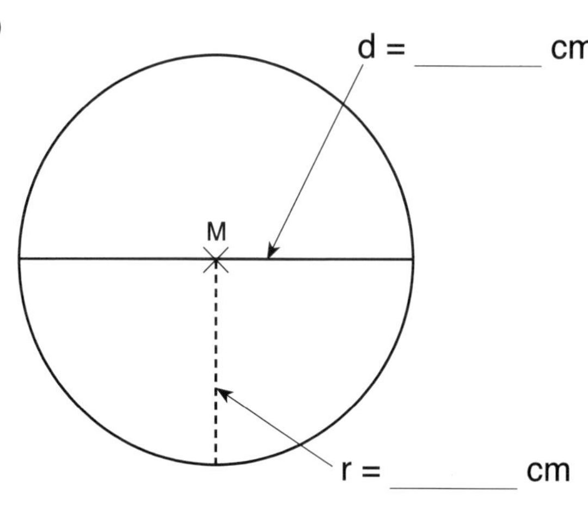

3. Verbinde die richtigen Kästchen.

r = 7 cm	r = 14 mm	r = 5 cm
d = 10 cm	d = 14 cm	d = 28 mm

Kreis

Gregor zeichnet einen Kreis mit einem Zirkel.

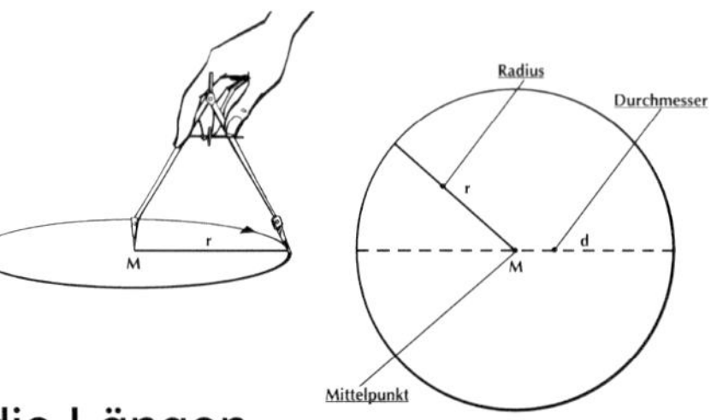

1. Miss (→ messen) die Längen der Radien und die Längen der Durchmesser mit deinem Geodreieck. Schreibe in die Lücken.

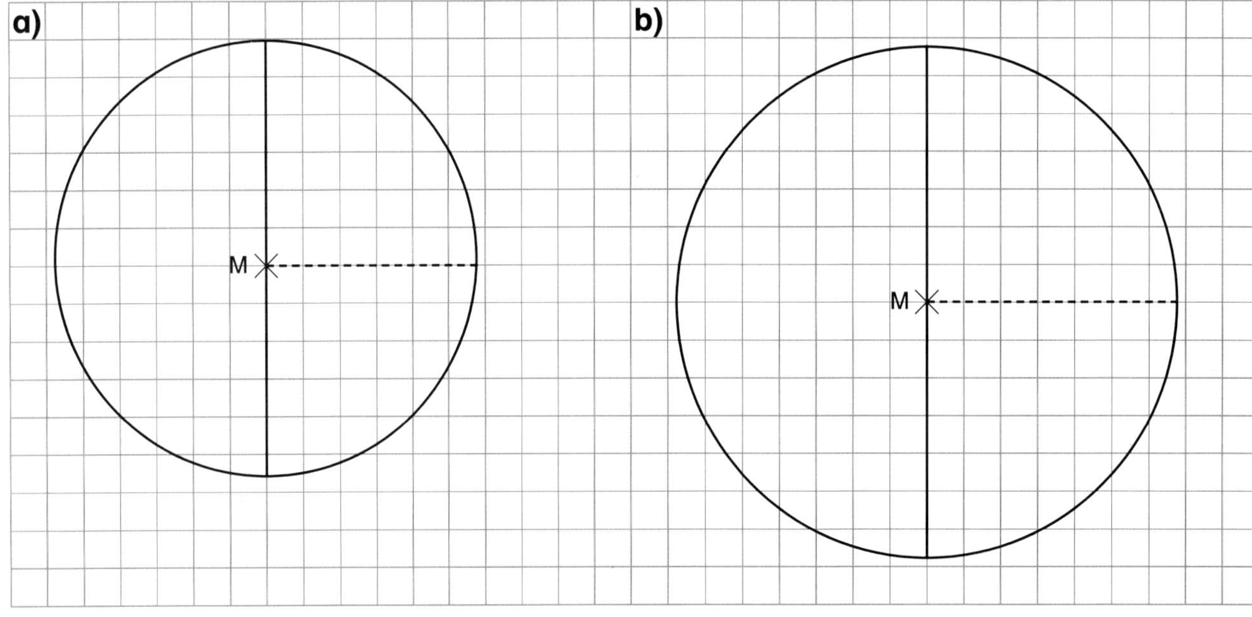

a) Radius: r = ________ cm

Durchmesser: d = ________ cm

b) Radius: r = ________ cm

Durchmesser: d = ________ cm

2. Sieh (→ sehen) dir den Halbkreis mit einem Durchmesser von 11 cm an.

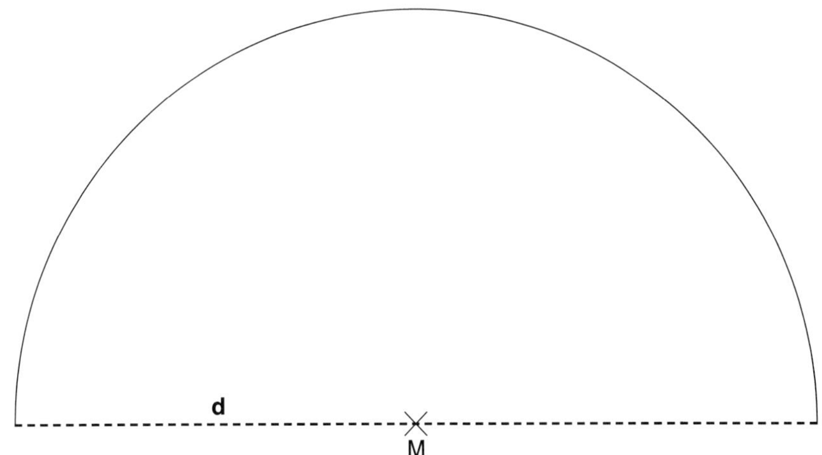

Kreuze (→ ankreuzen) den richtigen Radius an.

- ☐ r = 11 cm
- ☐ r = 5,5 cm
- ☐ r = 5 cm

3. Schreibe die richtige Lösung in die Kästchen. Rechne mit den richtigen Längeneinheiten.

Radius	6 mm		13 cm	
Durchmesser		2,4 dm		15 mm

Lösung

Kreis

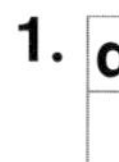

1.

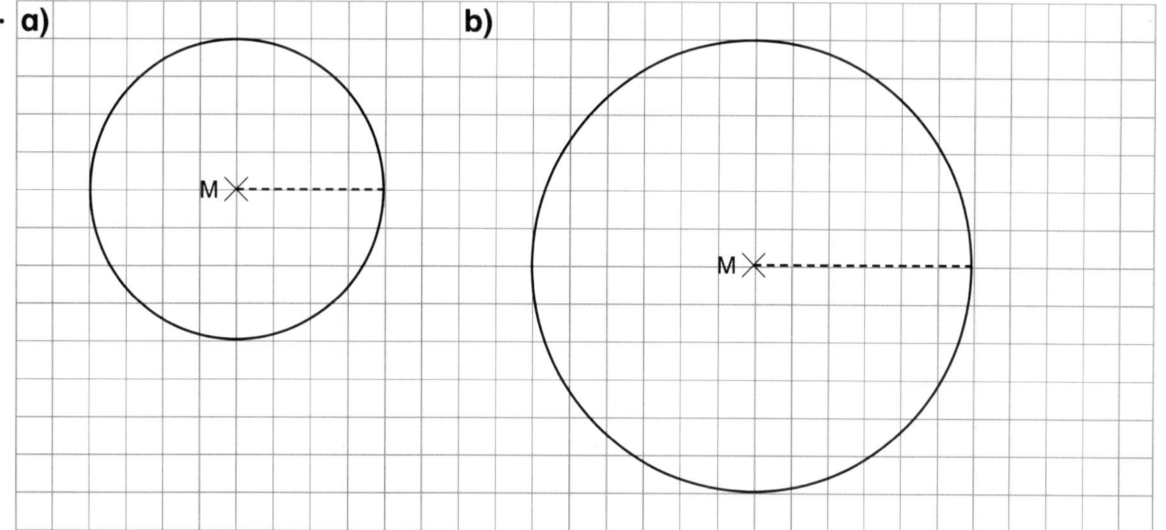

2. a) Radius: r = 3 cm

Durchmesser: d = 6 cm

b) Radius: r = 2,5 cm

Durchmesser: d = 5 cm

3.

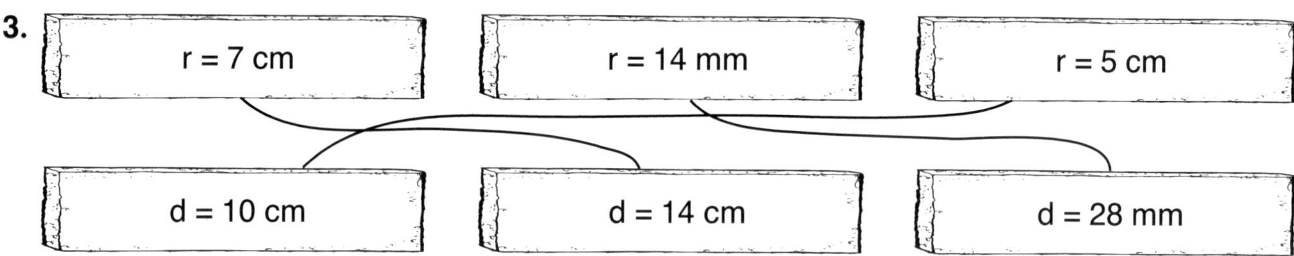

1. a) Radius: r = 2,9 cm

Durchmesser: d = 5,8 cm

b) Radius: r = 3,4 cm

Durchmesser: d = 6,8 cm

2. ☐ r = 11 cm
☒ r = 5,5 cm
☐ r = 5 cm

3.

Radius	6 mm	1,2 dm	13 cm	7,5 mm
Durchmesser	12 mm	2,4 dm	26 cm	15 mm

Würfel

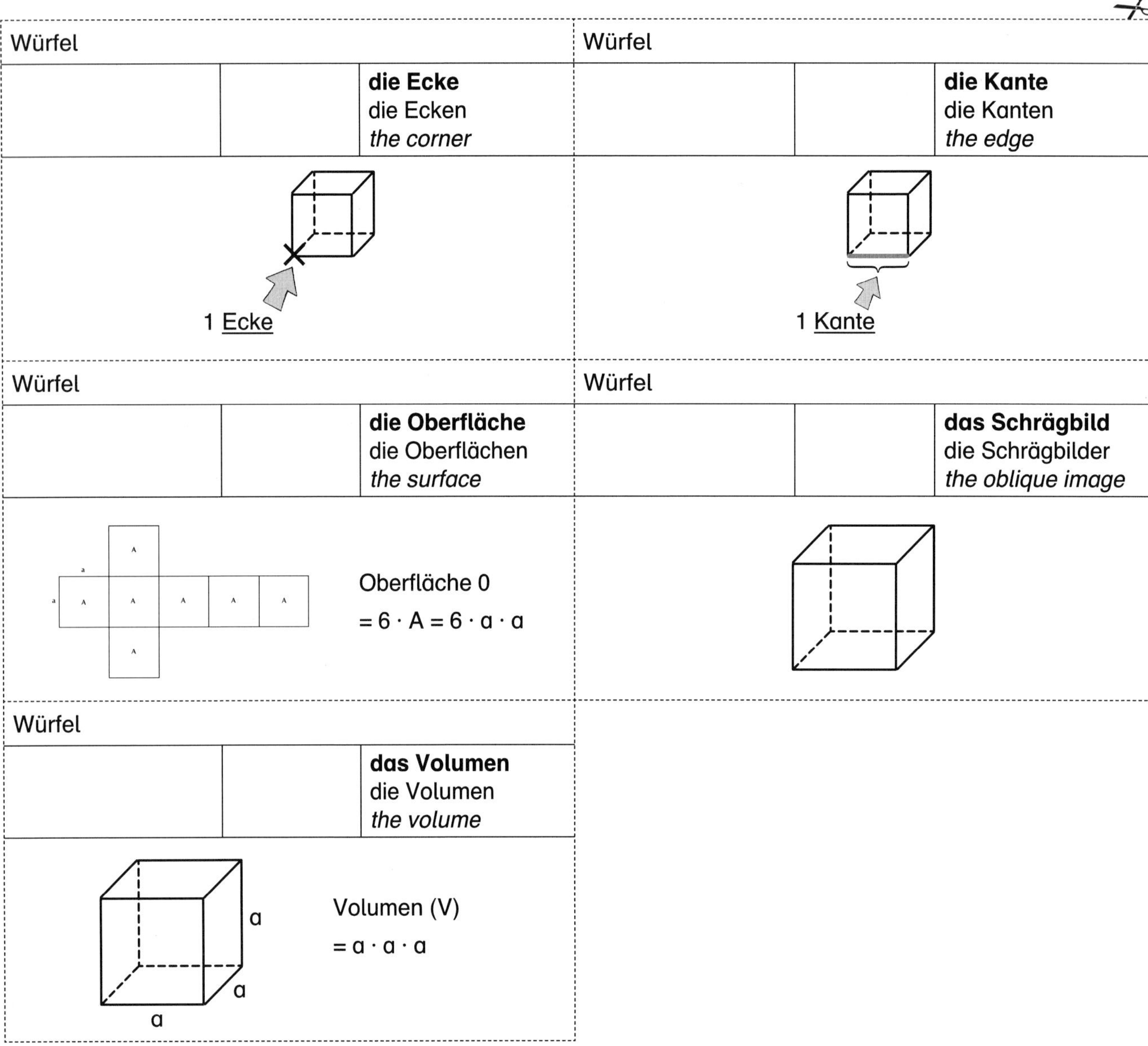

Würfel
die Ecke
die Ecken
the corner
1 Ecke
Würfel
die Kante
die Kanten
the edge
1 Kante
Würfel
die Oberfläche
die Oberflächen
the surface
Oberfläche 0
= 6 · A = 6 · a · a
Würfel
das Schrägbild
die Schrägbilder
the oblique image
Würfel
das Volumen
die Volumen
the volume
a
a
a
Volumen (V)
= a · a · a

Würfel 1

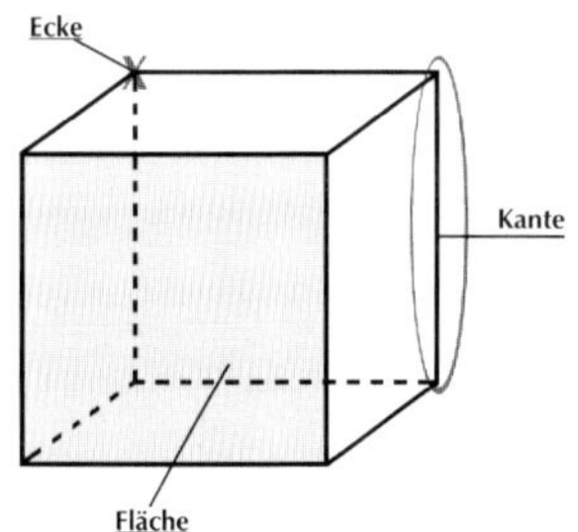

Ilona sieht (→ sehen) sich einen Würfel genau an.

1. Kreuze (→ ankreuzen) die richtigen Erklärungen an.

a)
- ☐ Der Würfel hat 7 Flächen.
- ☐ Der Würfel hat 10 Flächen.
- ☐ Der Würfel hat 6 Flächen.

b)
- ☐ Der Würfel hat 6 Ecken.
- ☐ Der Würfel hat 8 Ecken.
- ☐ Der Würfel hat 9 Ecken.

c)
- ☐ Der Würfel hat 12 Kanten.
- ☐ Der Würfel hat 14 Kanten.
- ☐ Der Würfel hat 16 Kanten.

2. a) Schrägbild eines Würfels: Zeichne die fehlenden Kanten mit einem Bleistift ein.

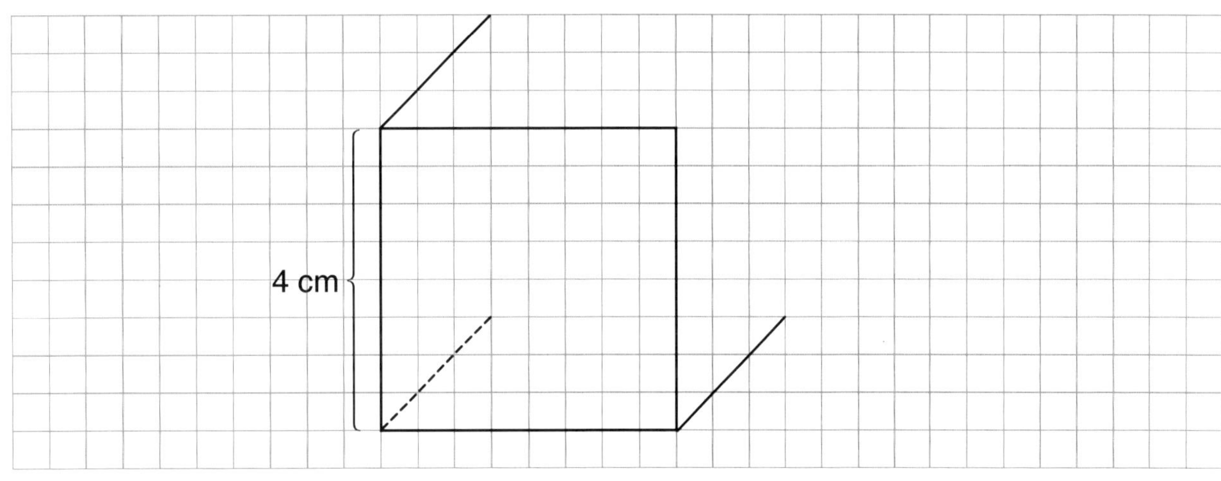

b) Zeichne das Schrägbild mit einem Bleistift.

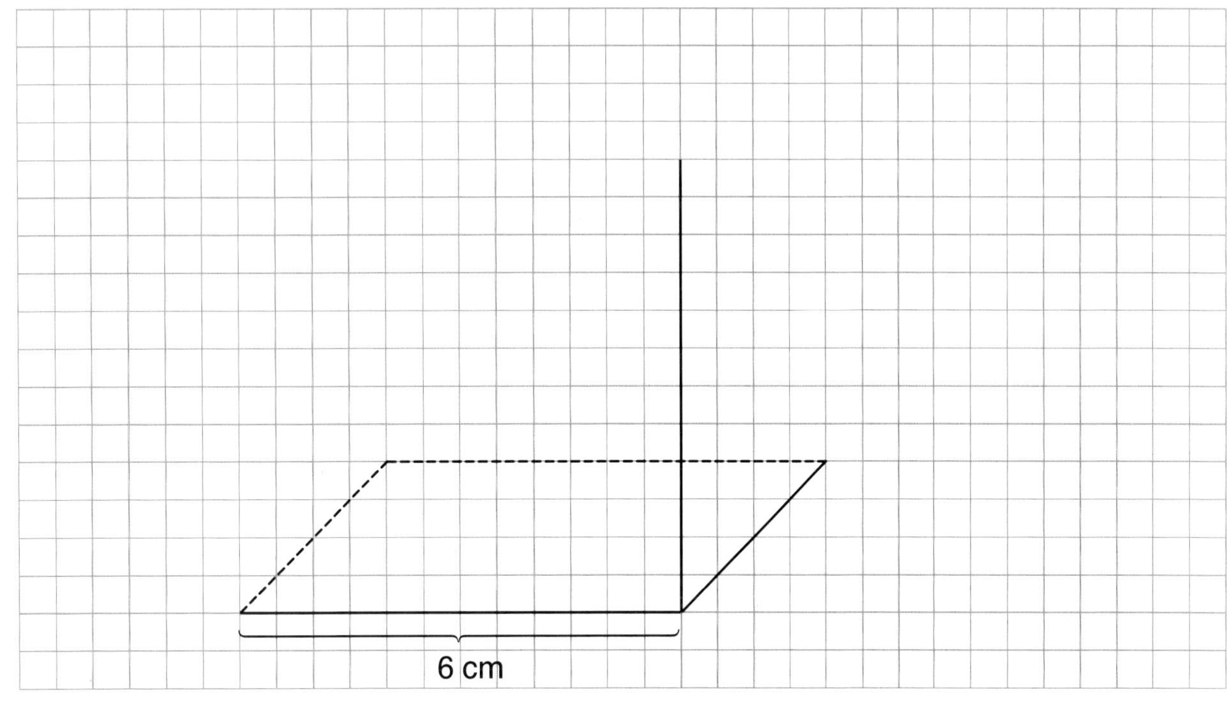

Würfel 2

3. Julia berechnet (→ rechnen) die Oberfläche eines Würfels.

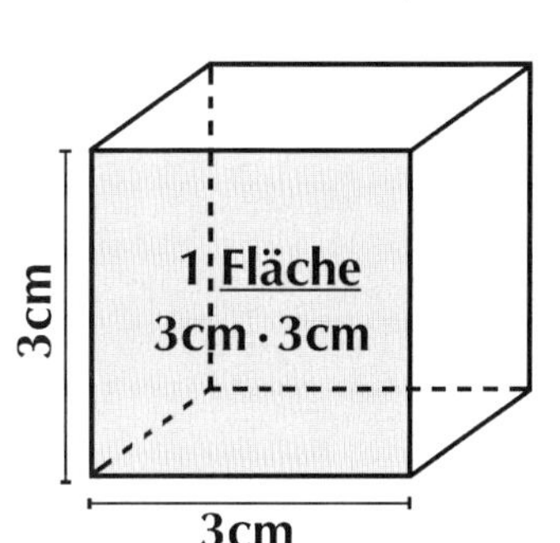

Oberfläche = 6 ·

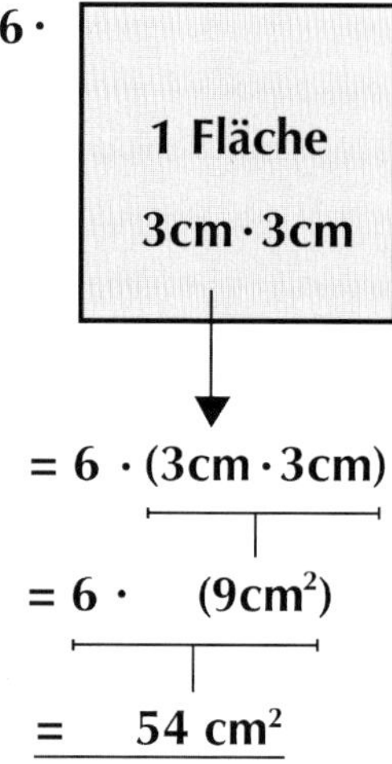

Berechne die Oberflächen. Schreibe in die Lücken.

a) Würfel von Julia

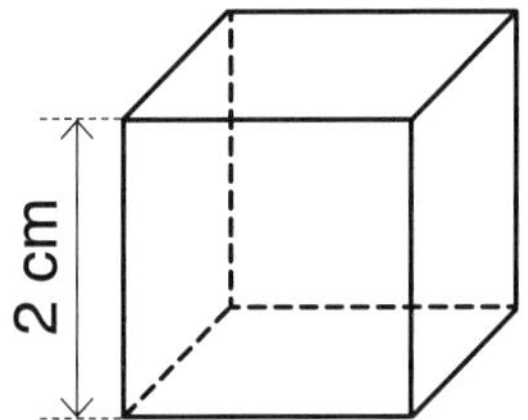

Oberfläche = 6 · (_____ cm · _____ cm)

= 6 · (_____ cm^2)

= _____ cm^2

b) Würfel von Ilona

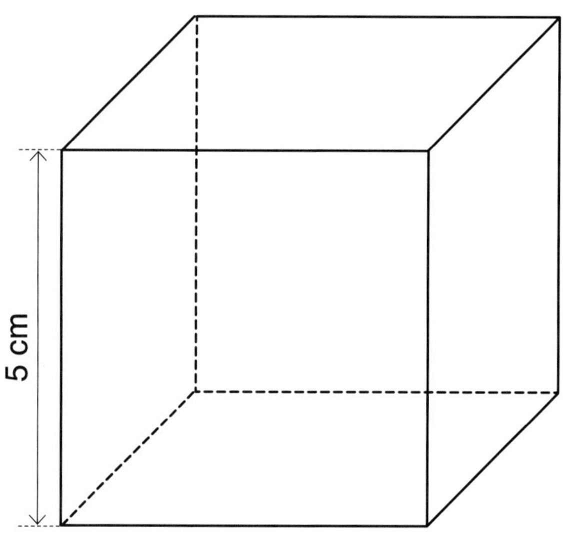

Oberfläche = 6 · (_____ cm · _____ cm)

= 6 · (_____ cm^2)

= _____ cm^2

4. Julia berechnet (→ rechnen) das Volumen von Würfeln. Verbinde die richtigen Kästchen.

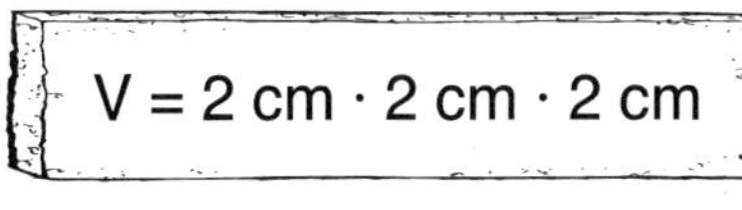

V = 1 cm · 1 cm · 1 cm

V = 3 cm · 3 cm · 3 cm

V = 1 cm^3

V = 8 cm^3

V = 27 cm^3

Würfel

1. a) ☐ Der <u>Würfel</u> hat 7 <u>Flächen</u>.
☐ Der Würfel hat 10 Flächen.
☒ Der Würfel hat 6 Flächen.

b) ☐ Der Würfel hat 6 <u>Ecken</u>.
☒ Der Würfel hat 8 Ecken.
☐ Der Würfel hat 9 Ecken.

c) ☒ Der Würfel hat 12 <u>Kanten</u>.
☐ Der Würfel hat 14 Kanten.
☐ Der Würfel hat 16 Kanten.

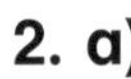

2. a)

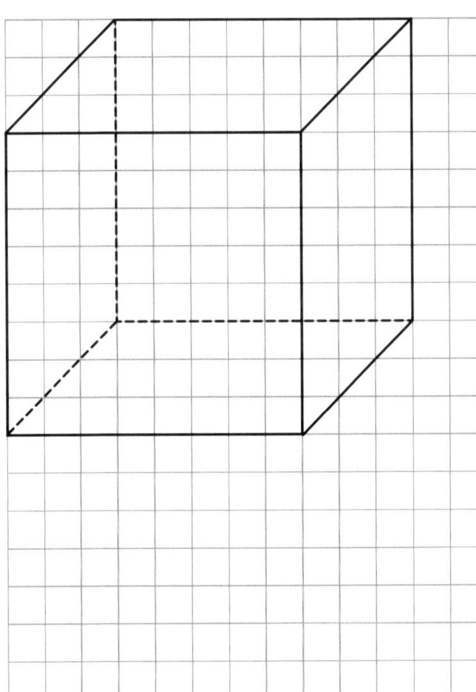

b)

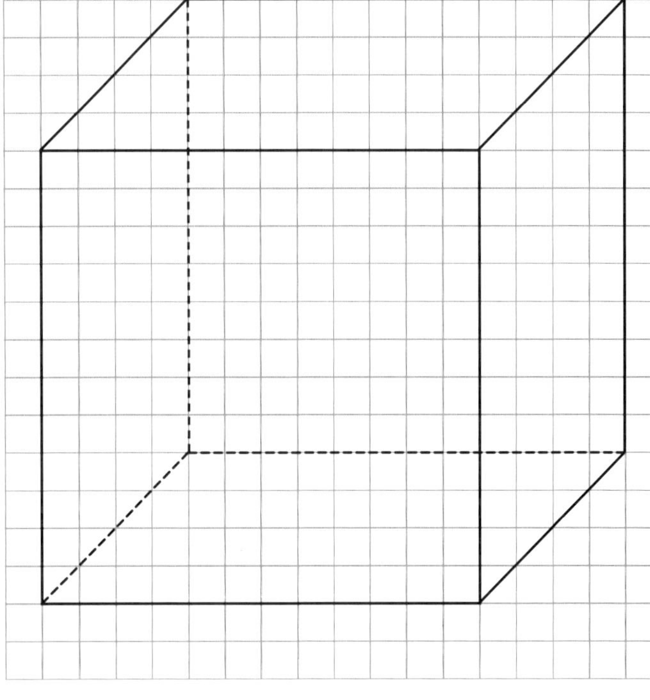

3. a) <u>Oberfläche</u> = 6 · (2 cm · 2 cm)
= 6 · (4 cm²)
= 24 cm²

b) Oberfläche = 6 · (5 cm · 5 cm)
= 6 · (25 cm²)
= 150 cm²

4.

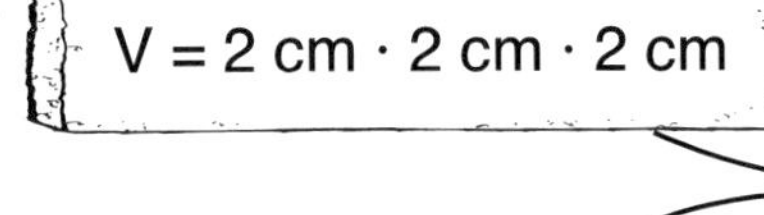

V = 2 cm · 2 cm · 2 cm — V = 8 cm³
V = 1 cm · 1 cm · 1 cm — V = 1 cm³
V = 3 cm · 3 cm · 3 cm — V = 27 cm³

Würfel 1

1. Betrachte einen Würfel. Wie viele Flächen, Ecken und Kanten hat der Würfel?

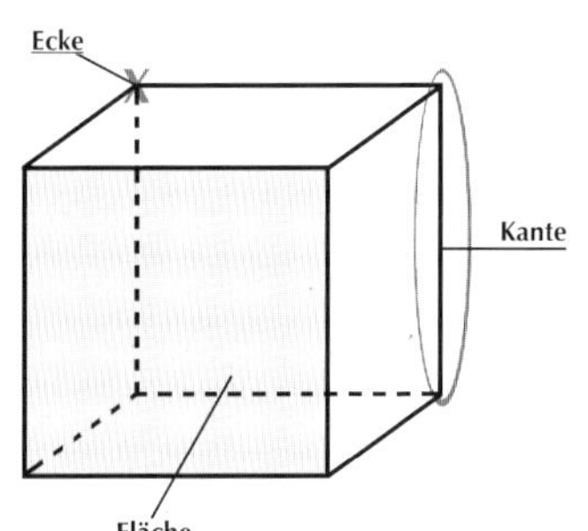

Schreibe die richtigen Zahlen in die Lücken.

- Der Würfel hat _____ Flächen.
- Der Würfel hat _____ Ecken.
- Der Würfel hat _____ Kanten.

2. Tim zeichnet das Schrägbild eines Würfels. Zeichne die fehlenden Kanten mit einem Bleistift ein.

a)

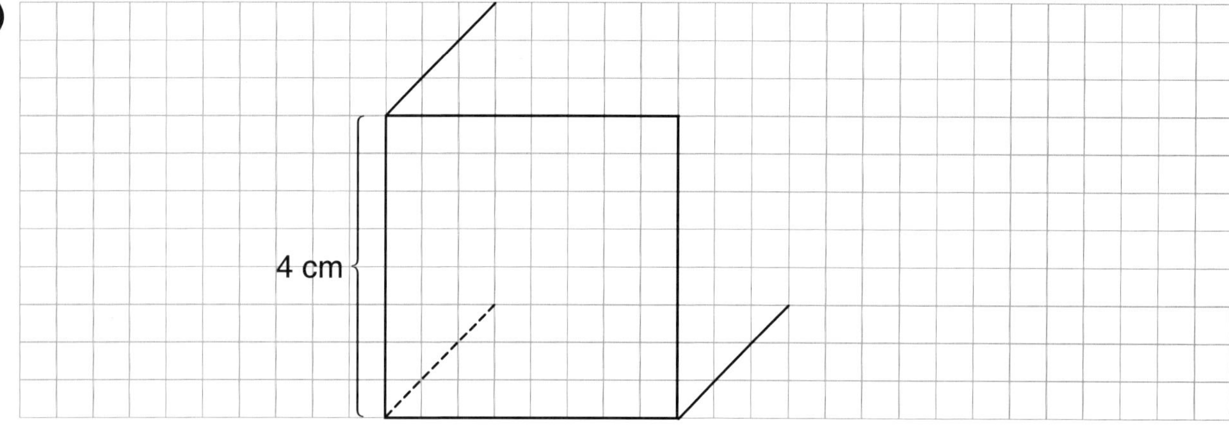

b)

c)

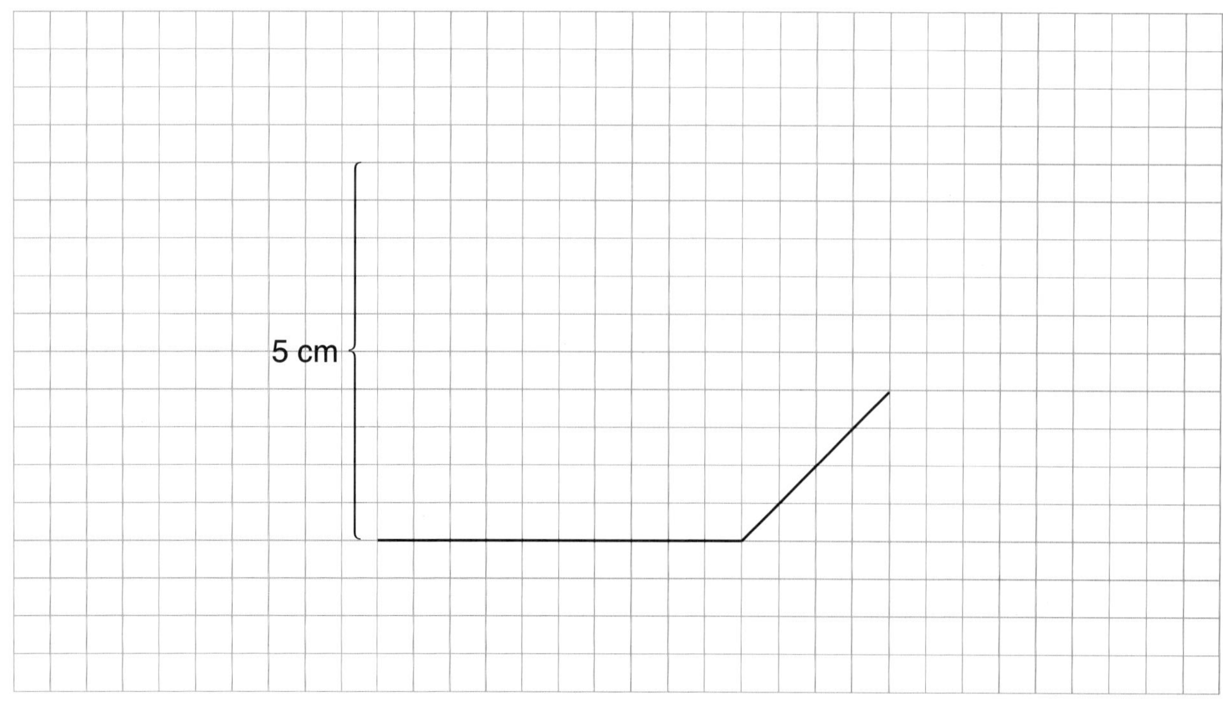

Würfel 2

Eloy berechnet (→ rechnen) die Oberfläche **0** des Würfels.

Berechnung einer Fläche A

0 = 6 · (a · a)
0 = 6 · (5 cm · 5 cm)
0 = 6 · (25 cm²)
0 = 150 cm²

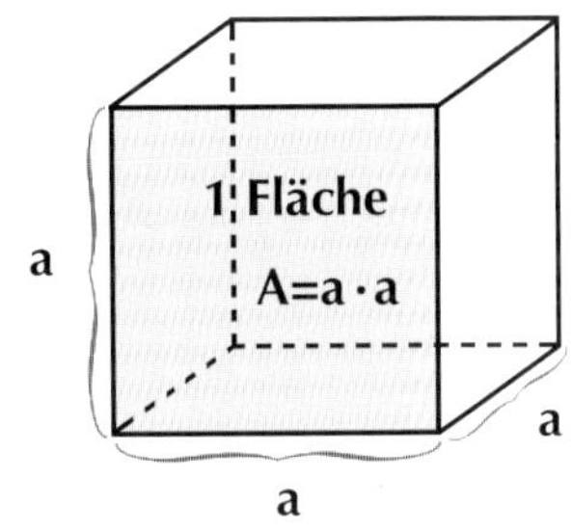

Regel: Oberfläche des Würfels: 0 = 6 · (a · a)

3. Berechne (→ rechnen) die Oberflächen der Würfel.

a) Kantenlänge a = 4 cm **b)** Kantenlänge a = 6 cm **c)** Kantenlänge a = 10 cm

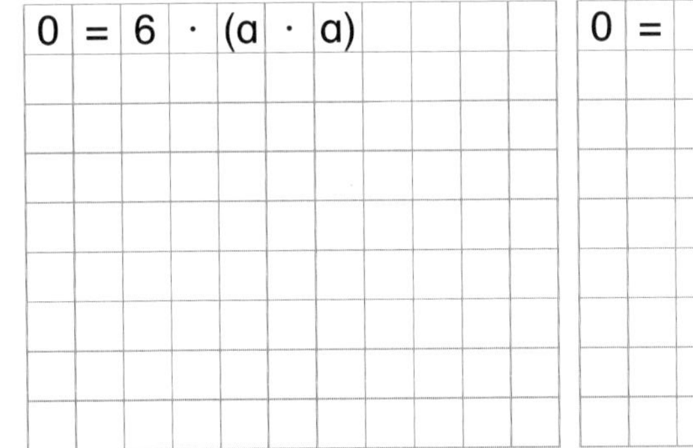

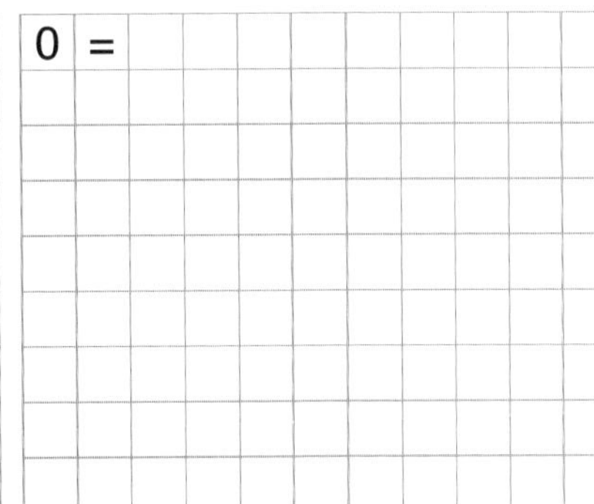

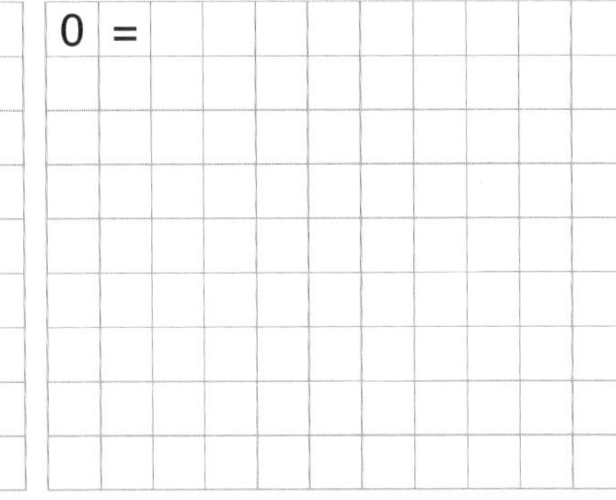

4. Julia berechnet (→ rechnen) das Volumen **V** eines Würfels. Hilf (→ helfen) ihr und schreibe in die Lücken.

V = a · a · a

V = _____ cm · _____ cm · _____ cm

V = _____ cm³

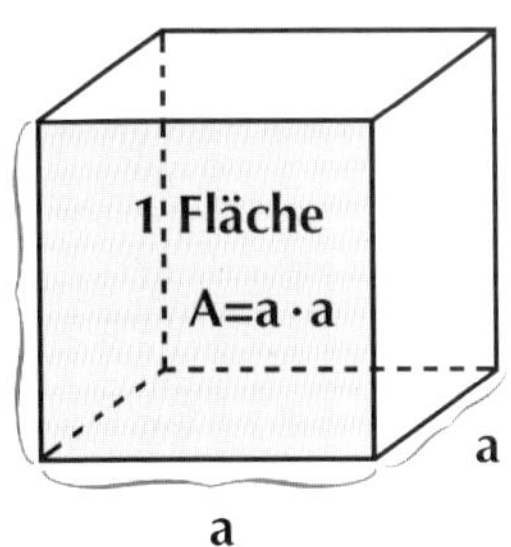

Regel: Volumen des Würfels: V = a · a · a

Würfel

1. • Der Würfel hat 6 Flächen.
   • Der Würfel hat 8 Ecken.
   • Der Würfel hat 12 Kanten.

2. a)

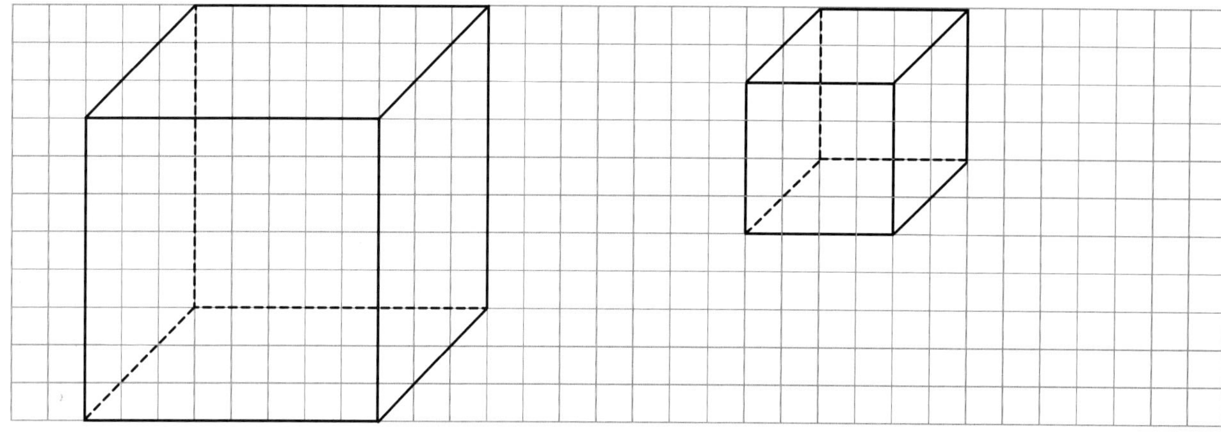

c)

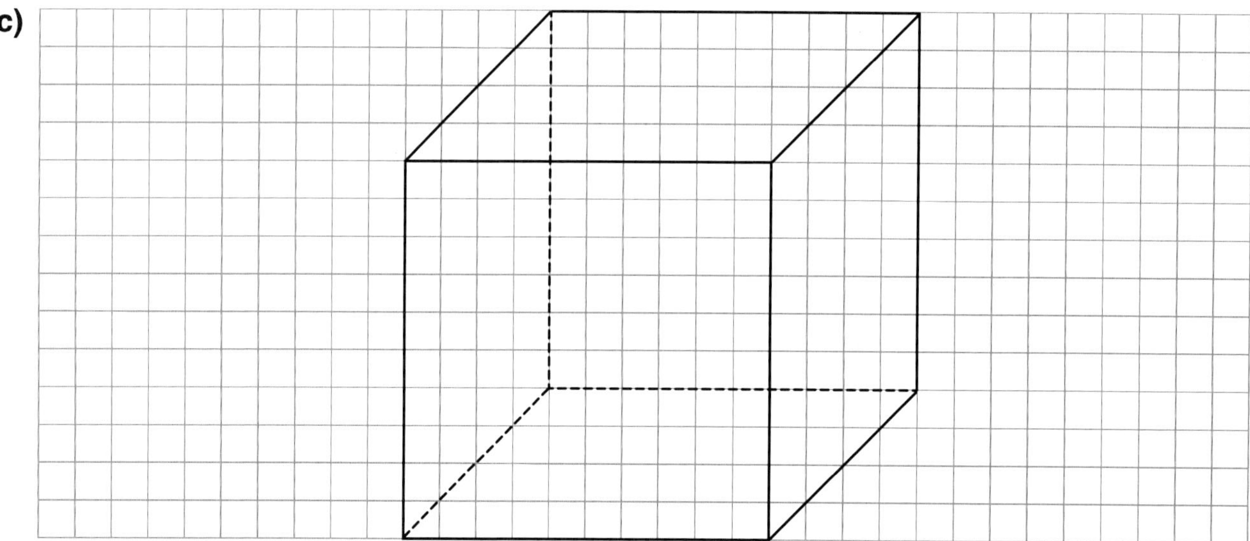

3. a) Kantenlänge a = 4 cm

$A = 6 \cdot (a \cdot a)$

$A = 6 \cdot (4\ cm \cdot 4\ cm)$

$A = 6 \cdot (16\ cm^2)$

$A = 96\ cm^2$

b) Kantenlänge a = 6 cm

$A = 6 \cdot (a \cdot a)$

$A = 6 \cdot (6\ cm \cdot 6\ cm)$

$A = 6 \cdot (36\ cm^2)$

$A = 216\ cm^2$

c) Kantenlänge a = 10 cm

$A = 6 \cdot (a \cdot a)$

$A = 6 \cdot (10\ cm \cdot 10\ cm)$

$A = 6 \cdot (100\ cm^2)$

$A = 600\ cm^2$

4. $V = a \cdot a \cdot a$

$V = 9\ cm \cdot 9\ cm \cdot 9\ cm$

$V = 729\ cm^3$

Mittelwert

Mittelwert		
		die Rangliste die Ranglisten *the ranking*

Mittelwert		
		die Spannweite die Spannweiten *the span*

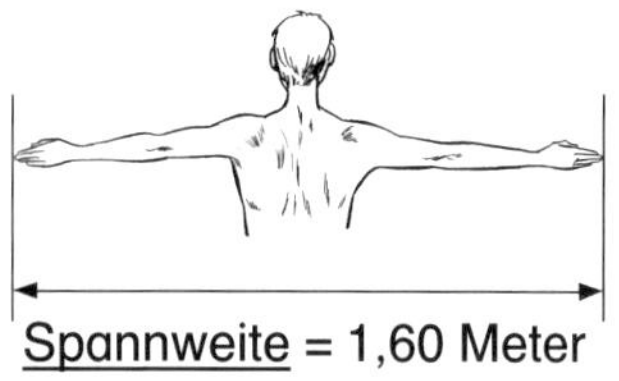

Spannweite = 1,60 Meter

$3 < 5 < 9$

Spannweite: 6

Mittelwert		
		der Zentralwert die Zentralwerte *the central value*

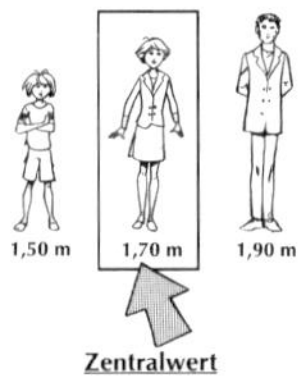

1,50 m 1,70 m 1,90 m

Zentralwert

Mittelwert

1.

Berechne (→ rechnen) den Mittelwert. Schreibe die richtigen Zahlen in die Lücken.

Erklärung:

Addiere die 3 Zahlen: 30 € + 50 € + 10 € = ______ €

Dividiere durch 3: ______ € : 3 = ______ €

Lösung: Der Mittelwert ist ______ Euro.

Regel: Für den Mittelwert addierst du alle Zahlen und dividierst dann die Summe durch die Anzahl der Zahlen.

2. Familie Pettersen bestimmt den Mittelwert ihrer Gewichte in Kilogramm (kg).

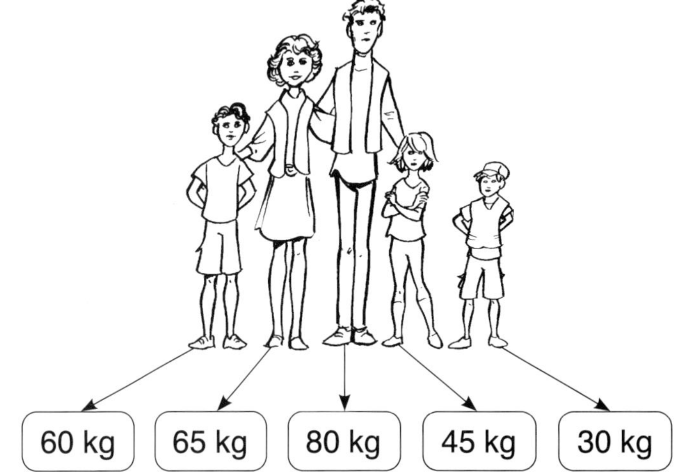

Addiere die Gewichte: _____ + _____ + _____ + _____ + _____ = ______ kg

Dividiere durch 5: ______ kg : 5 = ______ kg

Lösung: Der Mittelwert ist ______ Kilogramm (kg).

3. Nicole kauft sich ein neues Handy. Sie betrachtet die Preise.

Ordne die Preise. Beginne mit dem kleinsten (→ klein) Preis.

__________ < __________ < __________

Spannweite

Das ist die Rangliste.

Mittelwert

1. Der Lehrer fragt nach dem Gewicht seiner Schüler in Kilogramm (kg).

Ich wiege 70 kg. | Ich wiege 55 kg. | Ich wiege 67 kg. | Ich wiege 53 kg. | Ich wiege 45 kg.

Berechne (→ rechnen) den Mittelwert. Schreibe die richtigen Zahlen in die Lücken.

Erklärung:

Addiere die fünf Gewichte: ______ + ______ + ______ + ______ + ______ = ______

Dividiere durch die Anzahl der Schüler: ______ : ___ = ______

Lösung: Der Mittelwert der Gewichte der fünf Schüler ist ______ Kilogramm.

Regel: Für den Mittelwert addierst du alle Zahlen und dividierst dann die Summe durch die Anzahl der Zahlen.

2.

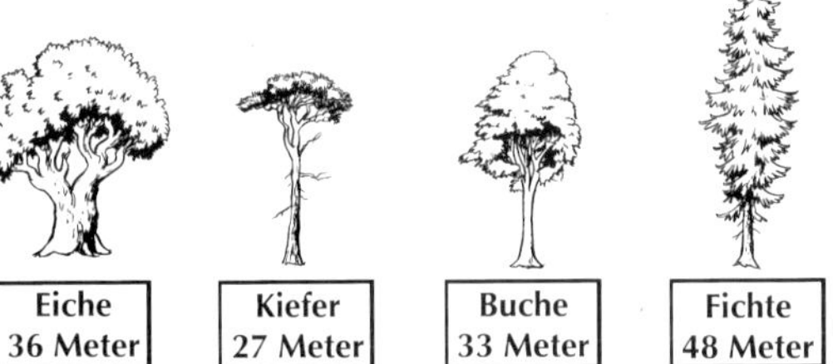

Berechne (→ rechnen) den Mittelwert. Schreibe in die Lücken.

Addiere die Größen der Bäume in Metern (m):

____________________________________ = ______

Dividiere: ______ : ___ = ______

Lösung: Der Mittelwert ist ______ Meter (m).

3. Familie Pettersen misst (→ messen) ihre Körpergrößen in Metern (m).

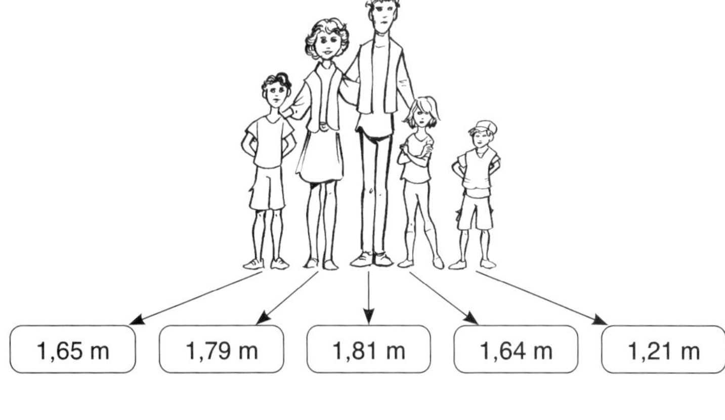

Ordne die Größen. Beginne mit der kleinsten (→ klein) Körpergröße.

________ < ________ < ________ < ________ < ________

Spannweite

Das ist die Rangliste.

4. Betrachte die Rangliste. Markiere den richtigen Zentralwert der Rangliste.

1. Erklärung:

Addiere die 3 Zahlen: 30 € + 50 € + 10 € = 90 €

Dividiere durch 3: 90 € : 3 = 30 €

Lösung: Der Mittelwert ist 30 Euro.

2. Addiere die Gewichte: 60 + 65 + 80 + 45 + 30 = 280 kg

Dividiere durch 5: 280 kg : 5 = 56 kg

Lösung: Der Mittelwert ist 56 Kilogramm (kg).

3. 99,50 € < 220,50 € < 380,99 €

1. Erklärung:

Addiere die fünf Gewichte: 70 kg + 55 kg + 67 kg + 53 kg + 45 kg = 290 kg

Dividiere durch die Anzahl der Schüler: 290 kg : 5 = 58 kg

Lösung: Der Mittelwert der Gewichte der fünf Schüler ist 58 Kilogramm.

2. Addiere die Größen der Bäume in Metern (m):

36 m + 27 m + 33 m + 48 m = 144 m

Dividiere: 144 m : 4 = 36 m

Lösung: Der Mittelwert ist 36 Meter (m).

3. 1,21 m < 1,64 m < 1,65 m < 1,79 m < 1,81 m

4. 1,65 m

Prozentrechnung

Prozentrechnung

		der Grundwert die Grundwerte *the base*

10 % von **200 Autos** = 20 Autos

Grundwert

Prozentrechnung

		der Hundertstelbruch die Hundertstelbrüche *the hundredth*

$\frac{3}{100}$ $\frac{27}{100}$

Prozentrechnung

		der Prozentsatz die Prozentsätze *the percentage*

10 % von 200 Autos = 20 Autos

Prozentsatz

Prozentrechnung

		der Prozentwert die Prozentwerte *the percentage value*

10 % von 200 Autos = **20 Autos**

Prozentwert

Prozentrechnung

		das Prozentzeichen die Prozentzeichen *the percent sign*

%

Elisa hat 1 Fläche von 100 Flächen markiert. Das ist $\frac{1}{100}$ des Rechtecks.

Regel: $\frac{1}{100}$ = 1 Prozent (1 %)

Hundertstelbruch — Prozentzeichen

1. Welcher Anteil ist in den Rechtecken markiert? Schreibe die richtigen Zahlen in die Lücken.

a) 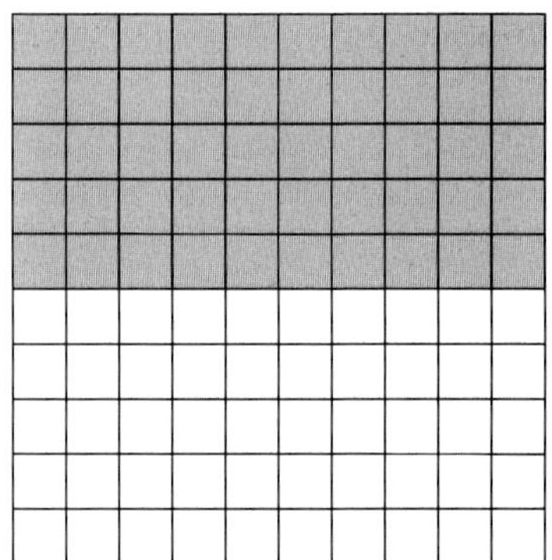

Es sind **50** Flächen von 100 Flächen markiert.

Das sind $\frac{50}{100}$.

$\frac{50}{100}$ = 50 %

b) 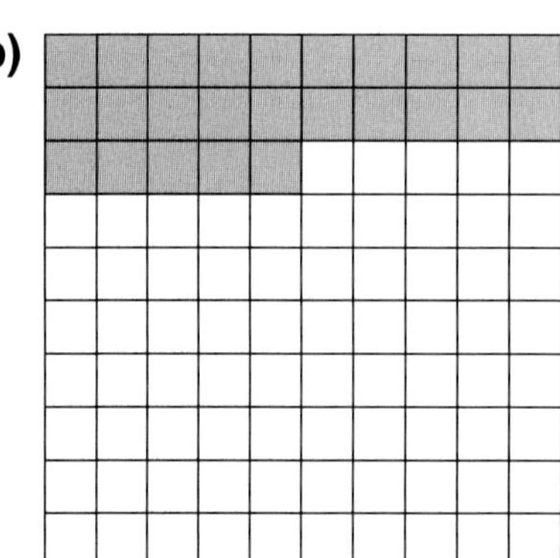

Es sind ___ Flächen von 100 Flächen markiert.

Das sind als Hundertstelbruch: $\frac{\square}{100}$

Das sind _____ %.

c) 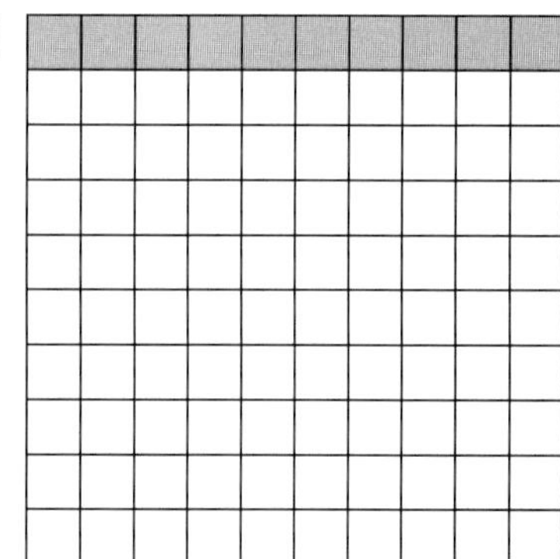

Es sind ___ Flächen von 100 Flächen markiert.

Das sind als Hundertstelbruch: $\frac{\square}{100}$

Das sind _____ %.

2. Schreibe in die Lücken den Hundertstelbruch.

a) 2 % = $\frac{\square}{100}$

b) 19 % = $\frac{\square}{\square}$

c) 48 % = $\frac{\square}{\square}$

d) **0 % =** $\frac{\square}{\square}$

e) 63 % = $\frac{\square}{\square}$

f) 100 % = $\frac{\square}{\square}$

3. Markiere den Anteil im Rechteck mit einem Buntstift.

a) 25 %

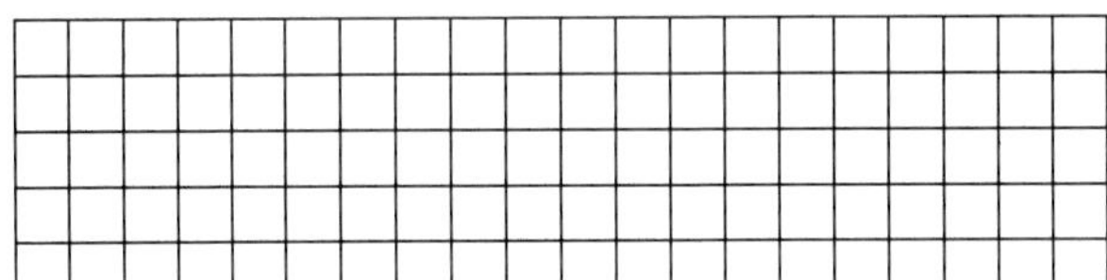

b) 98 %

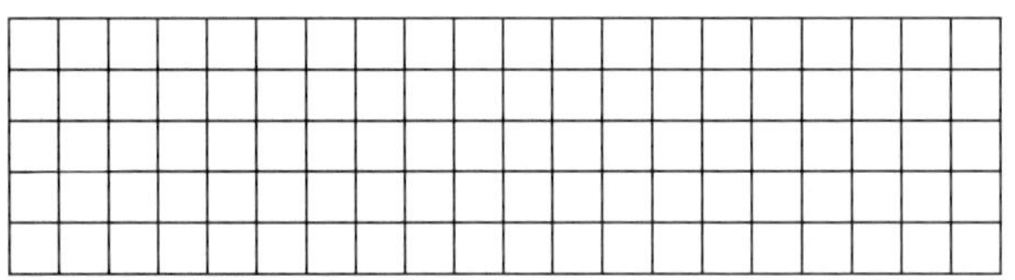

4. a) Betrachte das Beispiel.

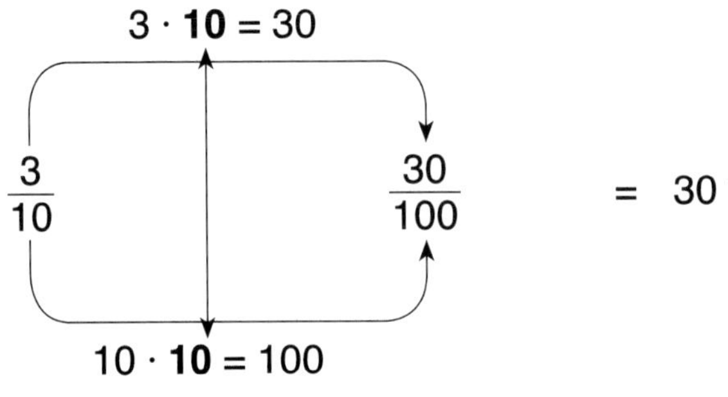

= 30 %

Bruch → Hundertstelbruch → Anteil in Prozent

b) Schreibe in die Kästchen.

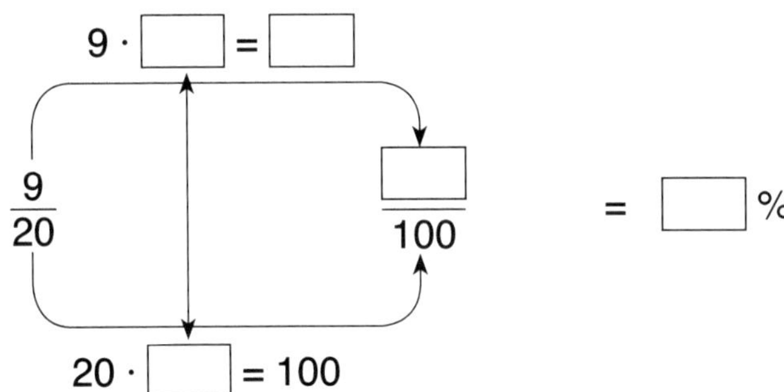

= ☐ %

Bruch → Hundertstelbruch → Anteil in Prozent

1. a) Es sind **50** Flächen von 100 Flächen markiert.

Das sind $\frac{50}{100}$.

$\frac{50}{100}$ = 50 %

b) Es sind 25 Flächen von 100 Flächen markiert.

Das sind als Hundertstelbruch: $\frac{25}{100}$

Das sind 25 %.

c) Es sind 10 Flächen von 100 Flächen markiert.

Das sind als Hundertstelbruch: $\frac{10}{100}$

Das sind 10 %.

2. a) 2 % = $\frac{2}{100}$ **b)** 19 % = $\frac{19}{100}$ **c)** 48 % = $\frac{48}{100}$

d) 0 % = $\frac{0}{100}$ e) 63 % = $\frac{63}{100}$ f) 100 % = $\frac{100}{100}$

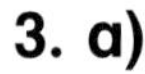

3. a)

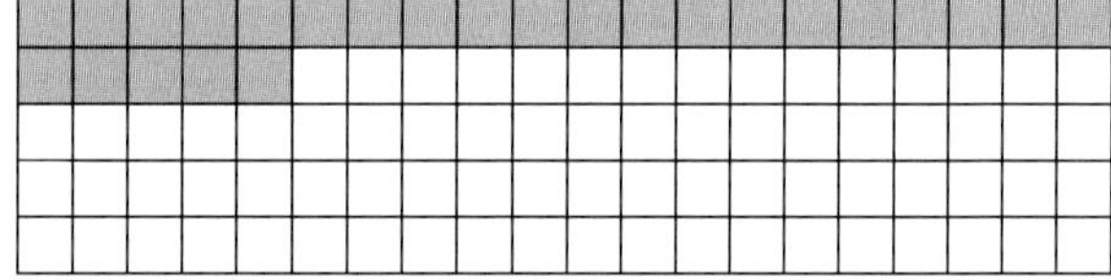

b)

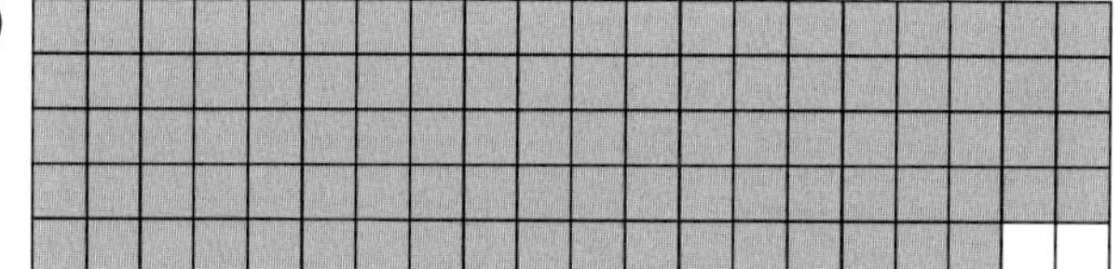

4. b)

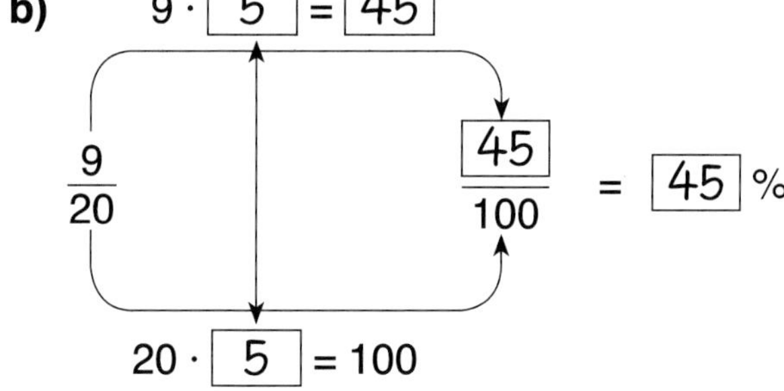

= 45 %

Prozentrechnung 1

1. Welcher Anteil ist in den Rechtecken markiert? Schreibe die richtigen Zahlen in die Lücken.

a)

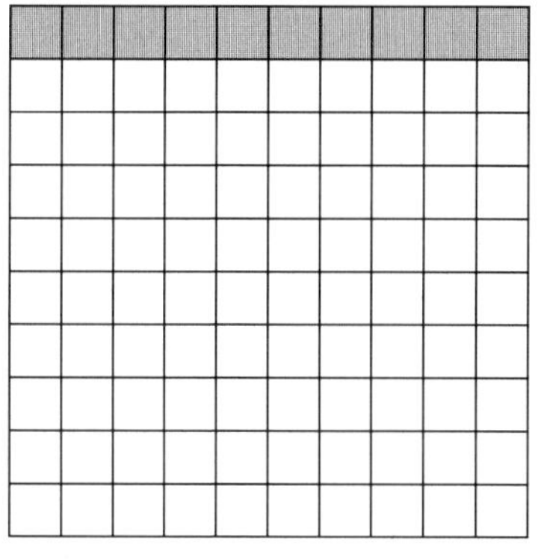

Es sind ___ Flächen von 100 Flächen markiert.

Das sind $\frac{\square}{100}$.

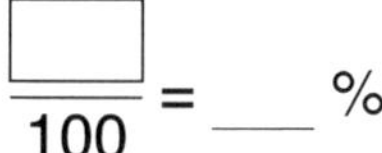

$\frac{\square}{100}$ = ___ %

b)

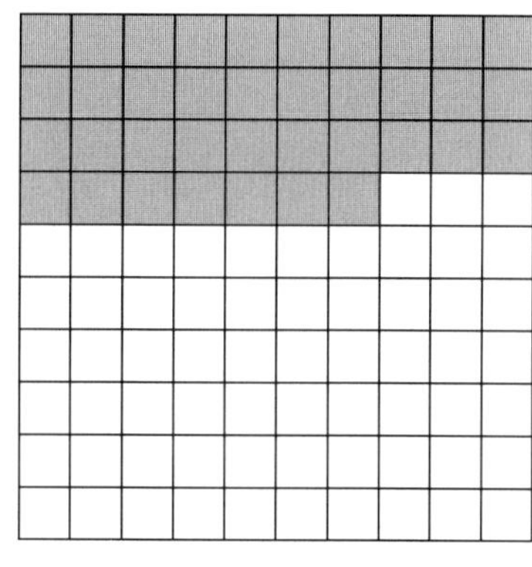

Es sind ___ Flächen von 100 Flächen markiert.

Das sind $\frac{\square}{100}$.

$\frac{\square}{100}$ = ______

c)

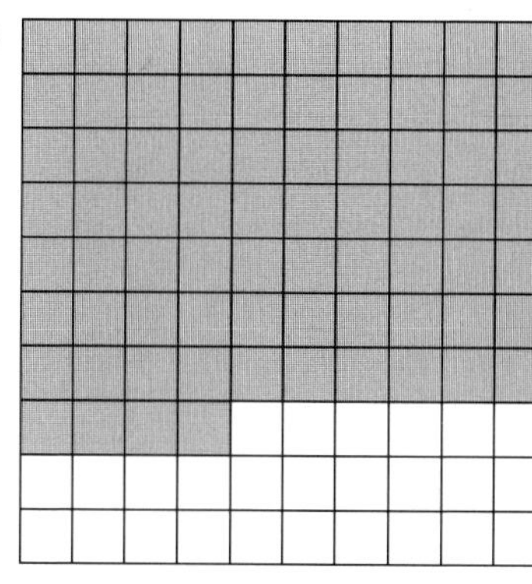

Es sind ___ Flächen von 100 Flächen markiert.

Das sind $\frac{\square}{100}$.

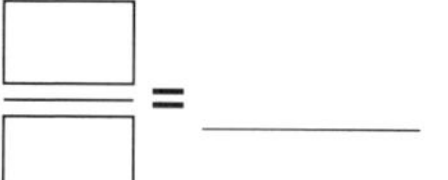

$\frac{\square}{\square}$ = ______

> Regel: $\frac{50}{100}$ ist ein Hundertstelbruch.
>
> $\frac{50}{100}$ sind 50 Prozent (50 %).
>
> Du schreibst mit dem Prozentzeichen.

2. Schreibe in die Kästchen den Hundertstelbruch.

a) 43 % = $\frac{\square}{\square}$ **b)** 9 % = $\frac{\square}{\square}$ **c)** 99 % = $\frac{\square}{\square}$

d) 100 % = $\frac{\square}{\square}$ e) 16 % = $\frac{\square}{\square}$ f) 104 % = $\frac{\square}{\square}$

3. Schreibe als Prozent in die Kästchen.

a) $\frac{73}{100}$ = ☐ **b)** $\frac{1}{100}$ = ☐ **c)** $\frac{0}{100}$ = ☐

d) $\frac{44}{100}$ = ☐ e) $\frac{87}{100}$ = ☐ f) $\frac{125}{100}$ = ☐

4. a) Betrachte das Beispiel.

$$19\ \% = \frac{19}{100} = 0{,}19$$

Prozent — Hundertstelbruch — Dezimalzahl

b) Schreibe die Hundertstelbrüche und die Dezimalzahlen in die Lücken.

22 % = $\frac{\square}{\square}$ = ☐   76 % = $\frac{\square}{\square}$ = ☐

115 % = $\frac{\square}{\square}$ = ☐

5. Im Zoo gibt es 300 Tiere. 20 % der Tiere sind Affen.

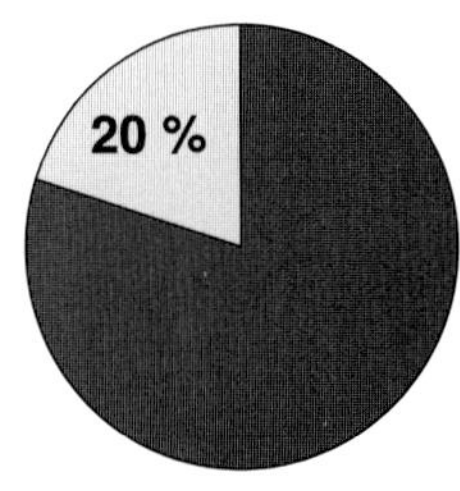

Es gibt 300 Tiere.	20 % der Tiere sind Affen.	Wie viele Affen sind es?
Grundwert	Prozentsatz	Prozentwert

Rechne mit einer Tabelle. Die Rechnungen überprüfst du an den Pfeilen.

	Anzahl der Tiere	Anteil in Prozent	
	300	100 %	
: 100		1 %	: 100
· 20		20 %	· 20

Lösung: Es sind ______ Affen im Zoo.

> Erklärung: Prozentrechnungen löst du mit dem Dreisatz in einer Tabelle.

1. a) Es sind 10 Flächen von 100 Flächen markiert.

Das sind $\frac{10}{100}$.

$\frac{10}{100} = 10\ \%$

b) Es sind 37 Flächen von 100 Flächen markiert.

Das sind $\frac{37}{100}$.

$\frac{37}{100} = 37\ \%$

c) Es sind 74 Flächen von 100 Flächen markiert.

Das sind $\frac{74}{100}$.

$\frac{74}{100} = 74\ \%$

2. a) $43\ \% = \frac{43}{100}$ **b)** $9\ \% = \frac{9}{100}$ **c)** $99\ \% = \frac{99}{100}$

d) $100\ \% = \frac{100}{100}$ e) $16\ \% = \frac{16}{100}$ f) $104\ \% = \frac{104}{100}$

3. a) $\frac{73}{100} = 73\ \%$ **b)** $\frac{1}{100} = 1\ \%$ **c)** $\frac{0}{100} = 0\ \%$

d) $\frac{44}{100} = 44\ \%$ e) $\frac{87}{100} = 87\ \%$ f) $\frac{125}{100} = 125\ \%$

4. b) $22\ \% = \frac{22}{100} = 0{,}22$ $76\ \% = \frac{76}{100} = 0{,}76$

$115\ \% = \frac{115}{100} = 1{,}15$

5.

Anzahl der Tiere	Anteil in Prozent
300	100 %
3	1 %
60	20 %

(: 100, · 20 auf beiden Seiten)

Lösung: Es sind 60 Affen im Zoo.

Proportionale Zuordnungen

Proportionale Zuordnungen			Proportionale Zuordnungen		
verdienen verdiene! *to earn*		der Verdienst die Verdienste *the earnings*			**die Wertetabelle** die Wertetabellen *the table of values*

Anzahl der Brötchen	Preis in Euro (€)
1	0,25 €
2	0,50 €

1. Mia kauft 3 Brötchen für 0,75 Euro (€).
Lenny kauft 7 Brötchen.
Berechne (→ rechnen) den Preis für die 7 Brötchen.

0,75 € ?

Rechnung:

	Anzahl der Brötchen	Preis in Euro (€)	
: 3	3	0,75	: 3
· 7	1	0,25	· 7
	7		

3 Brötchen kosten 0,75 Euro.

1 Brötchen kostet 0,25 Euro.

7 Brötchen kosten ________ Euro.

Regel: Du berechnest (→ rechnen) den Preis mit einer Wertetabelle.

2. Ebru kauft 2 Tickets für das Kino. Sie kosten 15 Euro.
Emre kauft 5 Tickets.

TICKET 15,-€ ?

Frage: Wie viel kosten die 5 Tickets?

Rechnung:

Anzahl der Tickets	Preis in Euro (€)
2	15
1	

An die Pfeile schreibst du, was du rechnest.

Lösung: Die 5 Tickets von Emre kosten ________ Euro.

3. Frau Raab verdient in 3 Stunden 24 Euro.

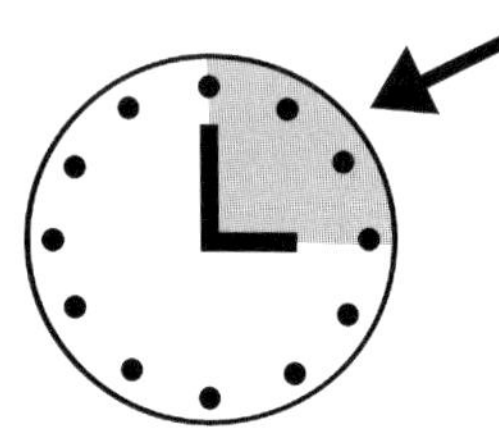

Frage: Wie viel verdient Frau Raab in 8 Stunden?

Rechnung:

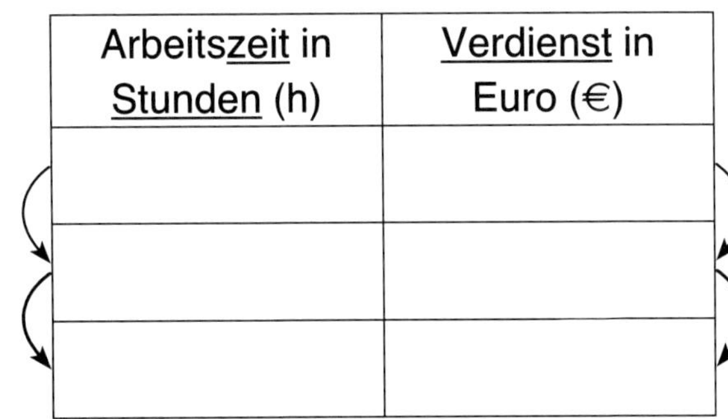

Arbeitszeit in Stunden (h)	Verdienst in Euro (€)

Lösung: Frau Raab verdient ______________________________.

Proportionale Zuordnungen

1. Frau Schmidt kauft zwei Kilogramm (kg) Kartoffeln für 2,40 Euro (€).
Herr Müller kauft drei Kilogramm (kg) Kartoffeln.
Berechne (→ rechnen) den Preis.

2 kg — 2,40 €

3 kg — ?

Frage: Wie viel kosten drei Kilogramm Kartoffeln?

Rechnung:

	Gewicht der Kartoffeln in Kilogramm (kg)	Preis in Euro (€)	
: 2	2	2,40	: 2
· 3	1		
	3		

An die Pfeile schreibst du, was du rechnest.

Lösung: Drei Kilogramm Kartoffeln kosten ________ Euro.

> Regel: Du berechnest (→ rechnen) den Preis mit einer Wertetabelle.
> Wenn du mehr (→ viel) kaufst, zahlst du mehr Geld.

2. Ein Bus fährt in fünf Stunden 225 Kilometer (km). Wie viele Kilometer fährt der Bus in sieben Stunden? Berechne (→ rechnen) mit der Wertetabelle.

Rechnung:

Fahrzeit in Stunden (h)	Strecke in Kilometer (km)

Lösung: Der Bus fährt in sieben Stunden ______________________________.

3. Julian verkauft Tickets im Kino. Er verdient in vier Stunden 32,80 Euro. Heute arbeitet er drei Stunden. Berechne (→ rechnen) seinen Verdienst mit einer Wertetabelle.

Rechnung:

Arbeitszeit in Stunden (h)	Verdienst in Euro (€)

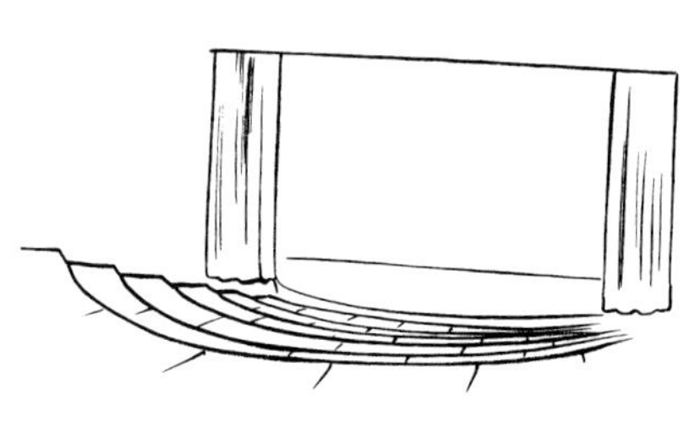

Lösung: Julian verdient ______________________________.

Proportionale Zuordnungen

1.

	Anzahl der Brötchen	Preis in Euro (€)	
: 3	3	0,75	: 3
· 7	1	0,25	· 7
	7	1,75	

Lösung:

7 Brötchen kosten 1,75 Euro.

2.

	Anzahl der Tickets	Preis in Euro (€)	
: 2	2	15	: 2
· 5	1	7,50	· 5
	5	37,50	

Lösung:

Die 5 Tickets von Emre kosten 37,50 Euro.

3.

	Arbeitszeit in Stunden (h)	Verdienst in Euro (€)	
: 3	3	24	: 3
· 8	1	8	· 8
	8	64	

Lösung:

Frau Raab verdient in 8 Stunden 64 Euro.

1.

	Gewicht der Kartoffeln in Kilogramm (kg)	Preis in Euro (€)	
: 2	2	2,40	: 2
· 3	1	1,20	· 3
	3	3,60	

Lösung:

Drei Kilogramm Kartoffeln kosten 3,60 Euro.

2.

	Fahrzeit in Stunden (h)	Strecke in Kilometer (km)	
: 5	5	225	: 5
· 7	1	45	· 7
	7	315	

Lösung:

Der Bus fährt in sieben Stunden eine Strecke von 315 km.

3.

	Arbeitszeit in Stunden (h)	Verdienst in Euro (€)	
: 4	4	32,80	: 4
· 3	1	8,20	· 3
	3	24,60	

Lösung:

Julian verdient in drei Stunden 24,60 Euro.

Ganze Zahlen

Ganze Zahlen

		der Abstand die Abstände *the distance*

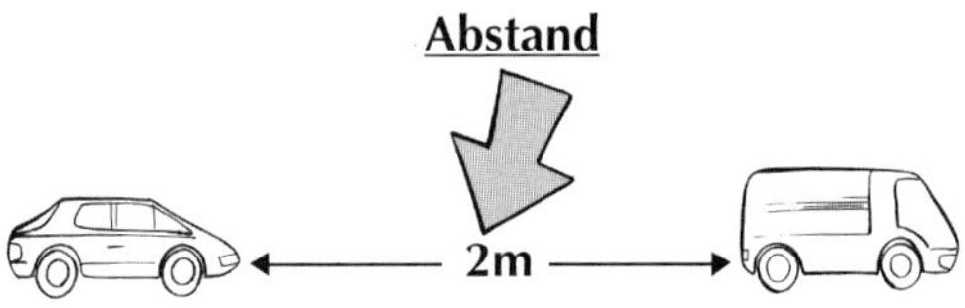

Abstand

2m

Ganze Zahlen

		das Thermometer die Thermometer *the thermometer*

Ganze Zahlen

		die Gegenzahl die Gegenzahlen *the opposite number*

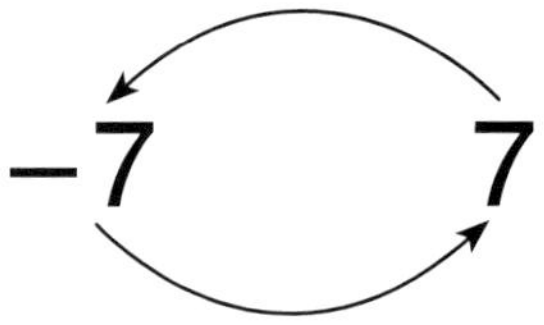

−7 7

Ganze Zahlen

	links *left*	

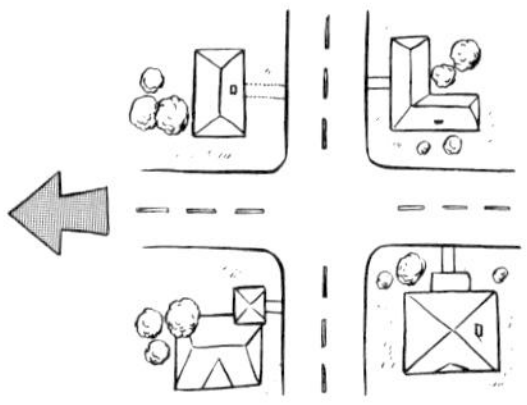

Ganze Zahlen

	rechts *right*	

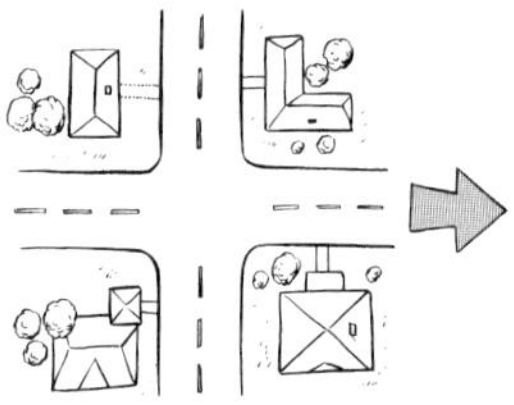

Ganze Zahlen

		das Vorzeichen die Vorzeichen *the sign*

−3 +9

Ganze Zahlen

		die Zahlenreihe die Zahlenreihen *the number series*

2, 4, 6, 8, 10, …

Ganze Zahlen

		der Zahlenvergleich die Zahlenvergleiche *the comparison of numbers*

$3 < 5$ $7 > 2$ $4 = 4$

Ganze Zahlen 1

Es ist Winter. Torben schaut auf das Thermometer.
Es sind –2 °C.

> Regel: Temperaturen unter 0 °C (Grad Celsius) sind negative Zahlen.

1. Lies (→ lesen) die Temperaturen unter 0 °C ab und schreibe sie in die Kästchen. Achte auf die Einheiten.

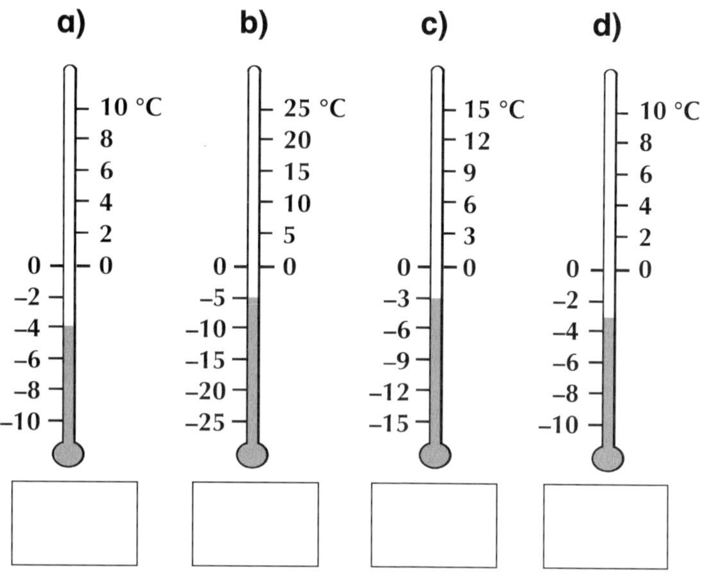

2. Markiere mit einem Buntstift die Temperaturen unter 0 °C auf dem Thermometer.

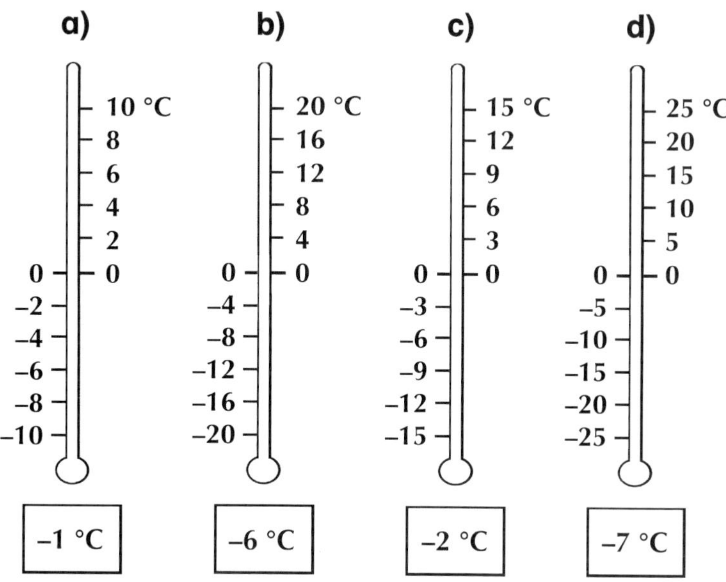

3. Schreibe die richtigen Zahlen in die Kästchen an dem Zahlenstrahl.

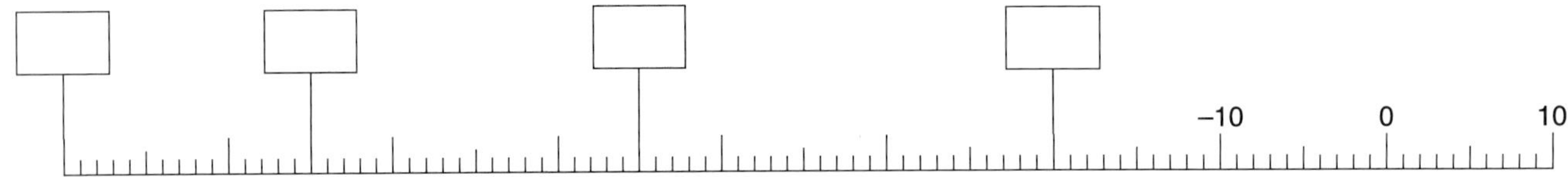

4. Betrachte den Zahlenstrahl. Dort siehst (→ sehen) du die Gegenzahlen.

Die Gegenzahl von 2 ist –2.

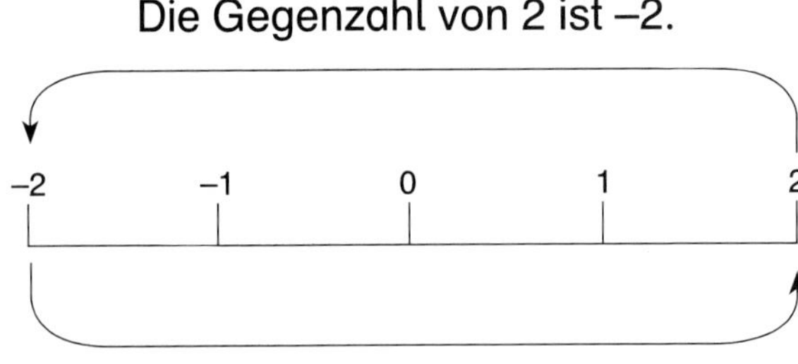

Die Gegenzahl von –2 ist 2.

Beantworte die Fragen:

a) Wie heißt die Gegenzahl von **3** ? → Die Gegenzahl heißt _______.

b) Wie heißt die Gegenzahl von **–1** ? → Die Gegenzahl heißt _______.

c) Wie heißt die Gegenzahl von **–7** ? → Die Gegenzahl heißt _______.

5. Auf einem Lineal sind 2 Marienkäfer. Berechne (→ rechnen) den Abstand der 2 Marienkäfer.

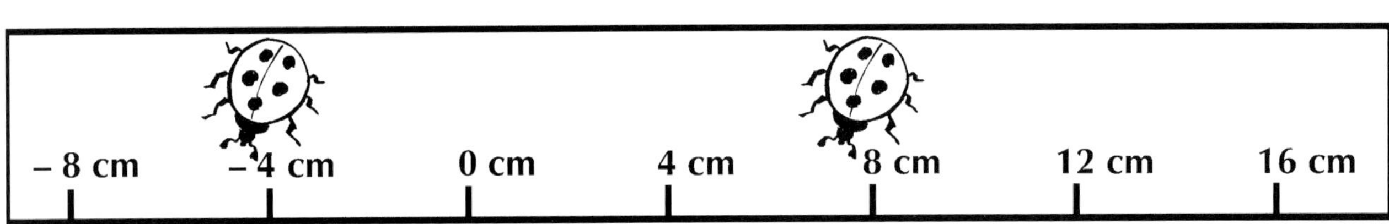

Der Abstand der 2 Marienkäfer beträgt _______ cm.

1.

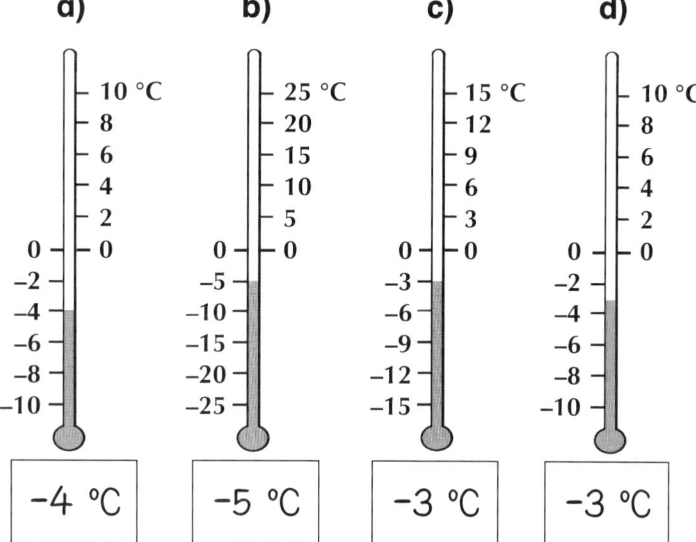

2.

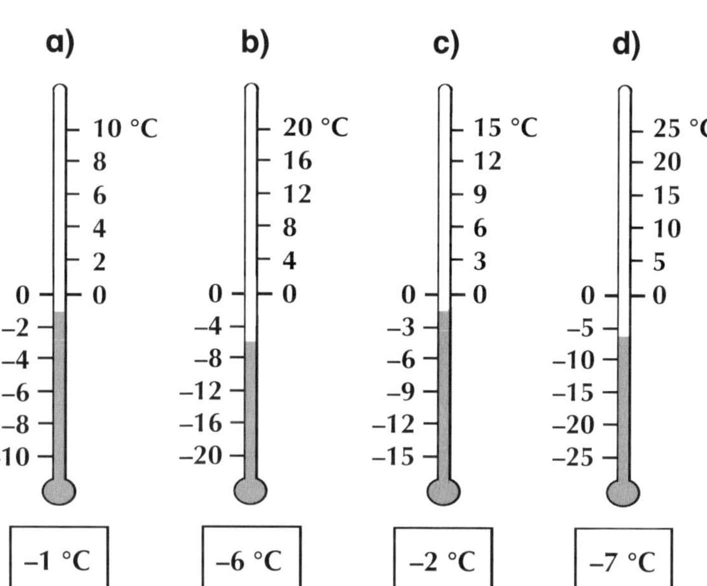

3.

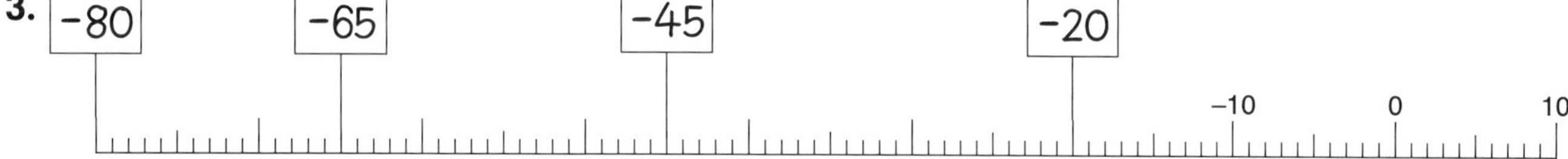

4. a) Wie heißt die <u>Gegenzahl</u> von **3**? → Die Gegenzahl heißt -3.

b) Wie heißt die Gegenzahl von **–1**? → Die Gegenzahl heißt 1.

c) Wie heißt die Gegenzahl von **–7**? → Die Gegenzahl heißt 7.

5. Der <u>Abstand</u> der 2 Marienkäfer beträgt 12 cm.

Amy und Ted stehen am Fenster. Es ist Winter.

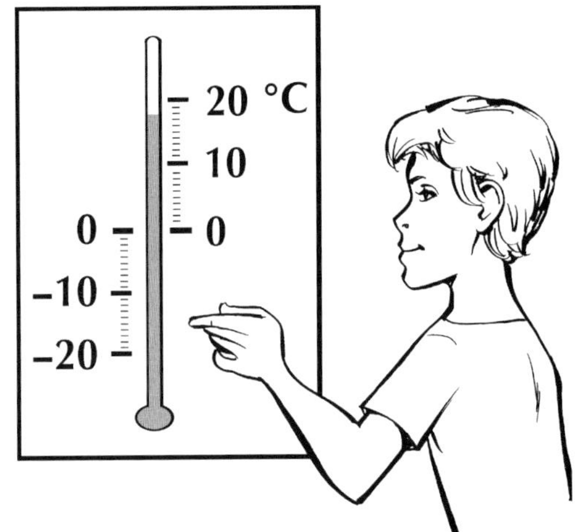

Ted schaut auf das Thermometer im Zimmer.

Die Temperatur im Zimmer beträgt

_____ °C (Grad Celsius).

Amy liest (→ lesen) die Temperatur unter 0 °C vom Thermometer ab.

Die Temperatur draußen beträgt

_____ °C (Grad Celsius).

1. Markiere die Temperaturen auf dem Zahlenstrahl mit einem Buntstift.

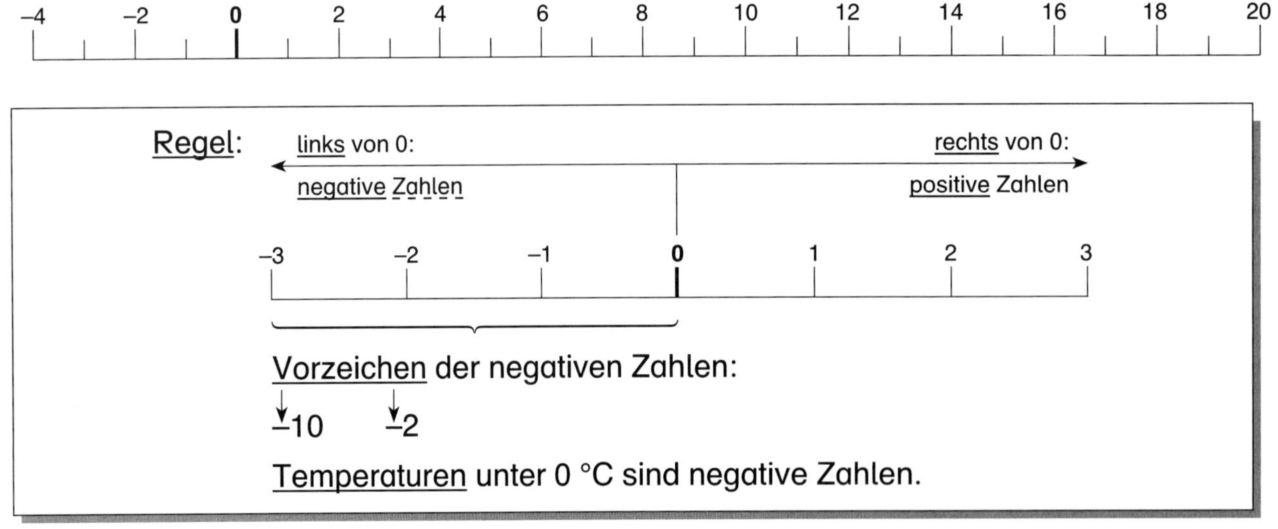

Vorzeichen der negativen Zahlen:

–10 –2

Temperaturen unter 0 °C sind negative Zahlen.

2. Schreibe die richtigen Zahlen in die Kästchen.

a)

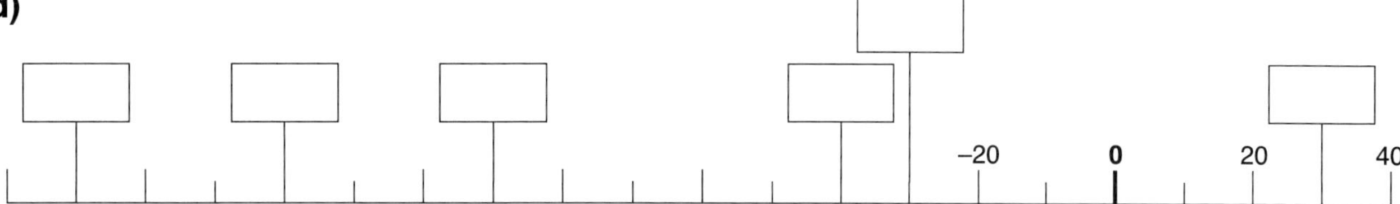

b)

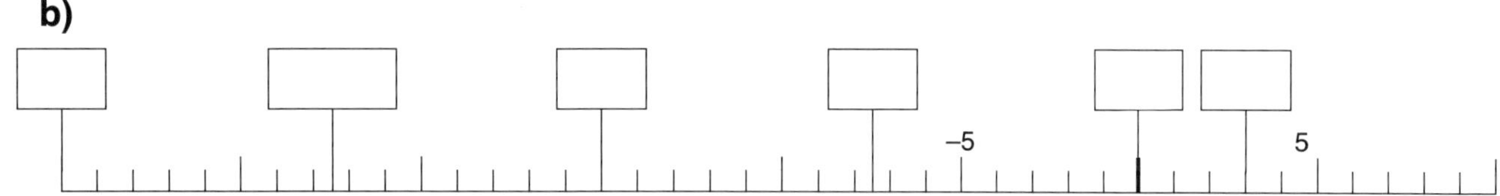

Bei einem Zahlenvergleich musst du überlegen, ob die Zahl kleiner als (<) oder größer als (>) die andere Zahl ist.

(–1) < 2

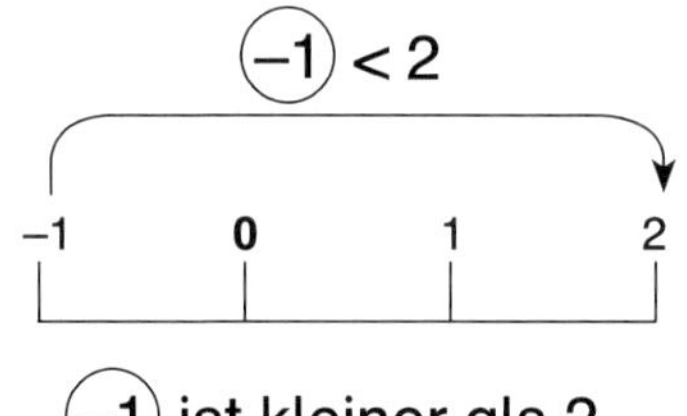

(–1) ist kleiner als 2.

(4) > –2

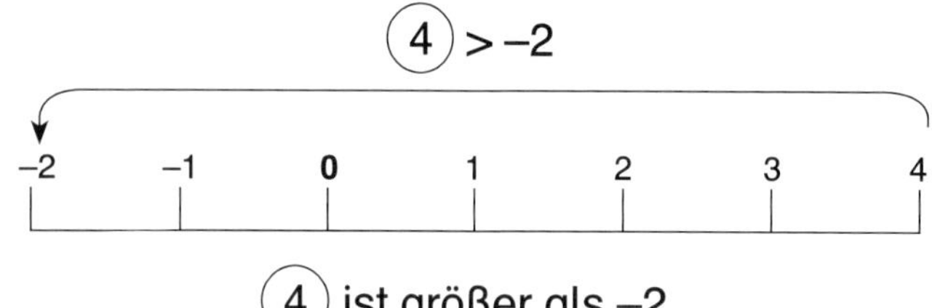

(4) ist größer als –2.

3. Schreibe das richtige Rechenzeichen in die Kästchen.

a) 13 ☐ –12 **b)** –7 ☐ 7 **c)** –24 ☐ –25

d) 0 ☐ – 3 **e)** –399 ☐ – 401

4. Betrachte die Zahlenreihen. Schreibe die richtigen Zahlen links und rechts in die Lücken.

______; ______; –4; 0; 4; ______; ______

______; ______; 2; 7; 12; ______; ______

Ganze Zahlen

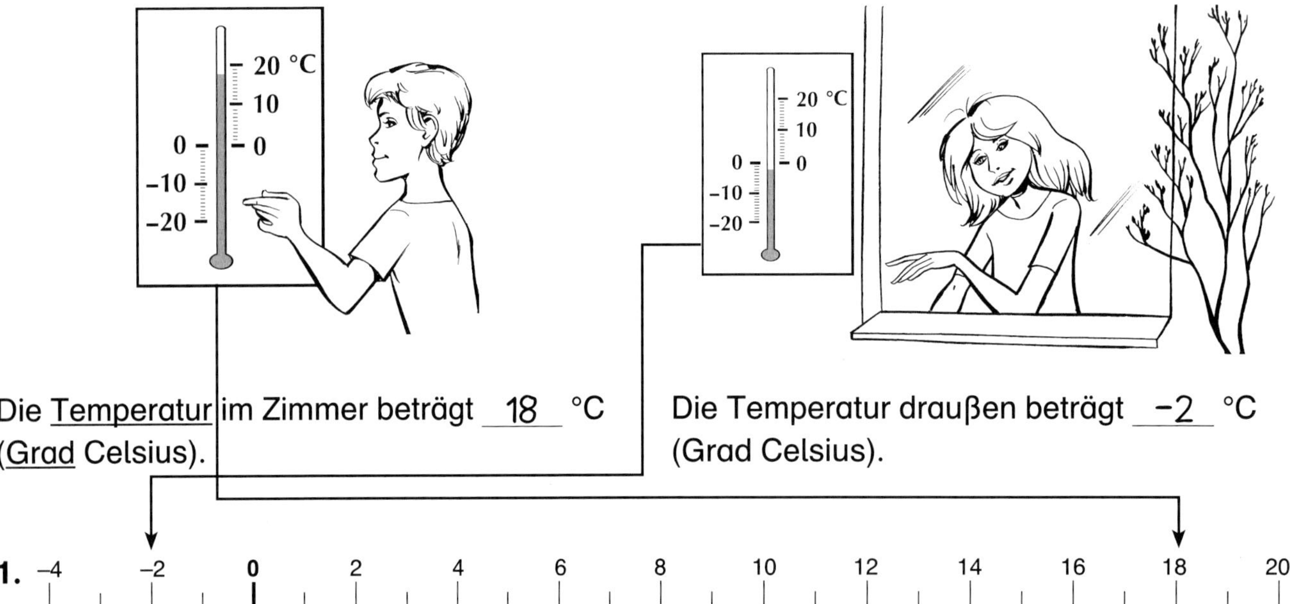

Die Temperatur im Zimmer beträgt 18 °C (Grad Celsius).

Die Temperatur draußen beträgt –2 °C (Grad Celsius).

1.

2. a)

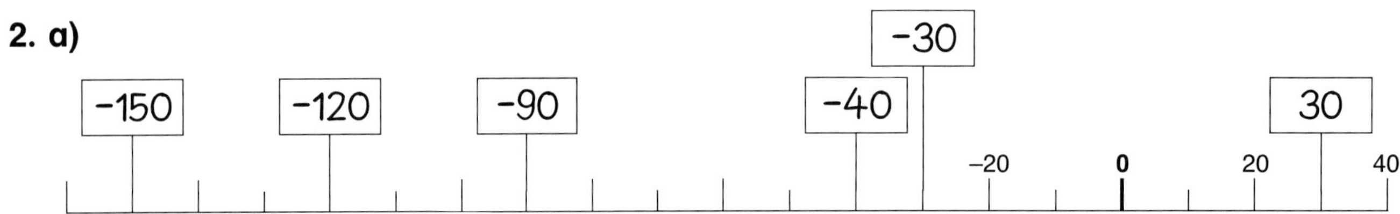

b)

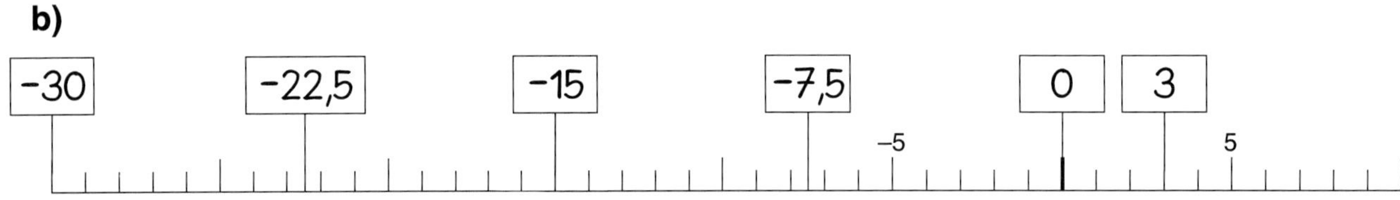

3. a) 13 > –12 **b)** –7 < 7 **c)** –24 > –25

d) 0 > – 3 **e)** –399 > – 401

4. –12 ; –8 ; –4; 0; 4; 8 ; 12

–8 ; –3 ; 2; 7; 12; 17 ; 22

Winkel

Winkel		
		der gestreckte Winkel die gestreckten Winkel *the straight angle*

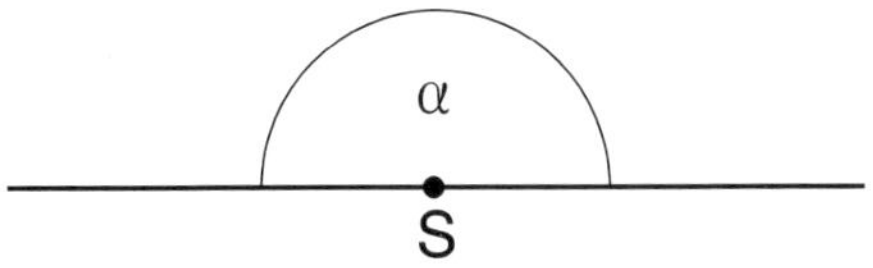

S

$\alpha = 180°$

Winkel		
	rechtwinklig *square*	**der rechte Winkel** die rechten Winkel *the right angle*

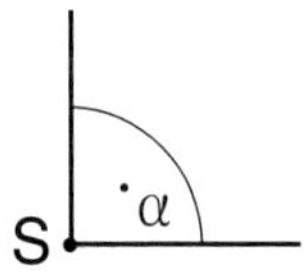

S

$\alpha = 90°$

Winkel		
		der Scheitelpunkt die Scheitelpunkte *the vertex*

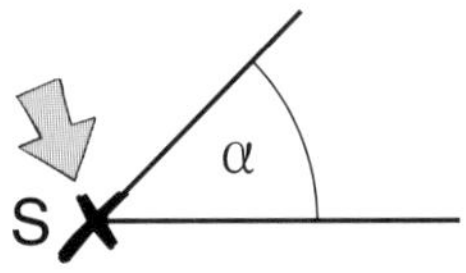

S

Winkel		
		der spitze Winkel die spitzen Winkel *the acute angle*

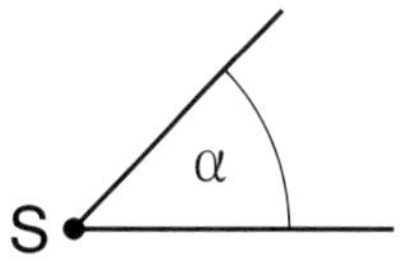

S

$0° < \alpha < 90°$

Winkel		
		der stumpfe Winkel die stumpfen Winkel *the obtuse angle*

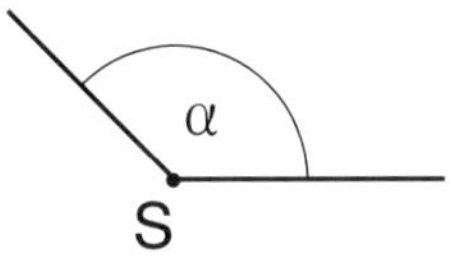

S

$90° < \alpha < 180°$

Winkel		
		der überstumpfe Winkel die überstumpfen Winkel *the reflex angle*

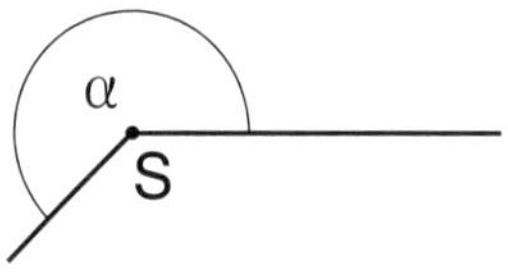

S

$180° < \alpha < 360°$

Faisal sieht (→ sehen) die verschiedenen Winkel an der Tafel.

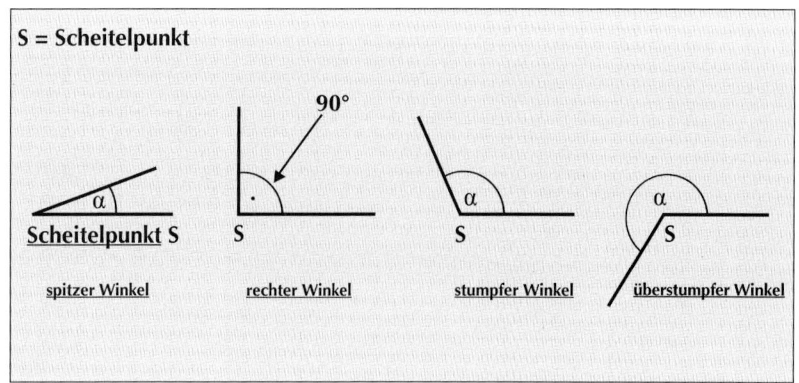

1. Betrachte die Winkel und kreuze (→ ankreuzen) die richtige Erklärung an.

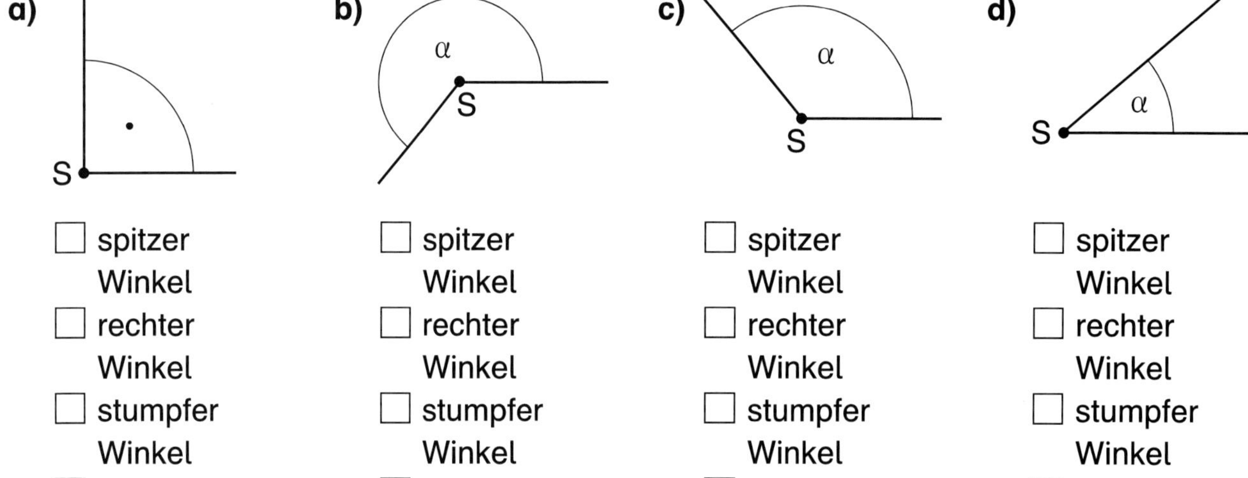

a)
- ☐ spitzer Winkel
- ☐ rechter Winkel
- ☐ stumpfer Winkel
- ☐ überstumpfer Winkel

b)
- ☐ spitzer Winkel
- ☐ rechter Winkel
- ☐ stumpfer Winkel
- ☐ überstumpfer Winkel

c)
- ☐ spitzer Winkel
- ☐ rechter Winkel
- ☐ stumpfer Winkel
- ☐ überstumpfer Winkel

d)
- ☐ spitzer Winkel
- ☐ rechter Winkel
- ☐ stumpfer Winkel
- ☐ überstumpfer Winkel

2. Faisal misst (→ messen) die Größe eines Winkels mit dem Geodreieck.

Miss die Winkel mit dem Geodreieck und schreibe in die Lücken.

a)

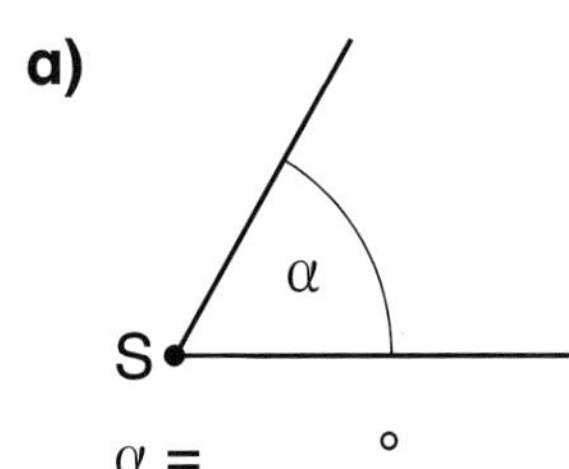

α = ______ °

b)

β = ______ °

c)

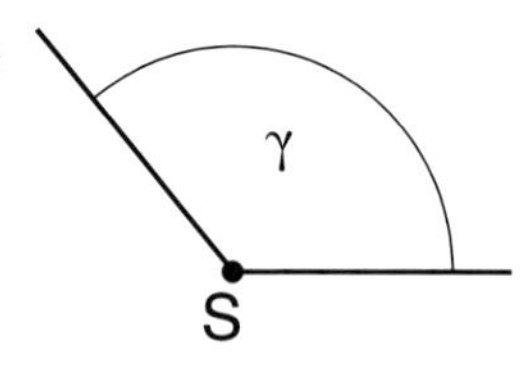

γ = ______ °

d)

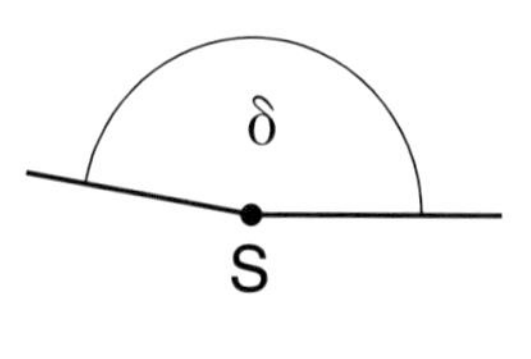

δ = ______ °

3. Tom zeichnet einen Winkel mit 70°.

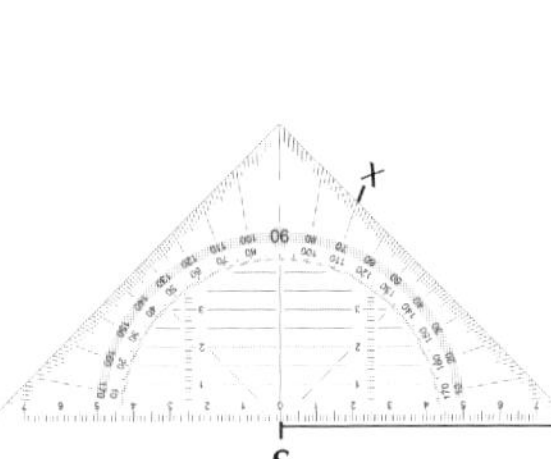

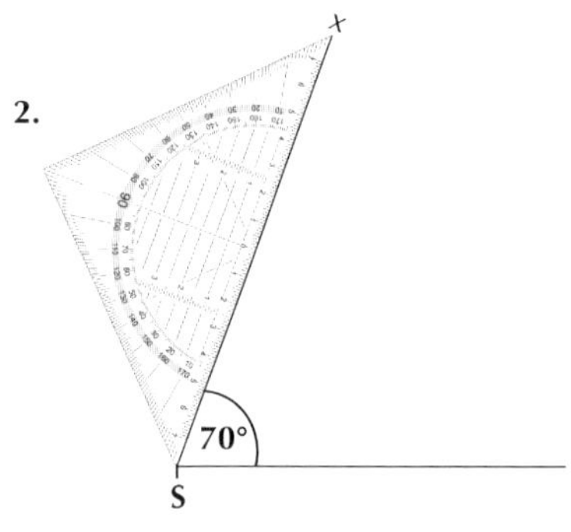

Zeichne die Winkel mit einem spitzen Bleistift ein.

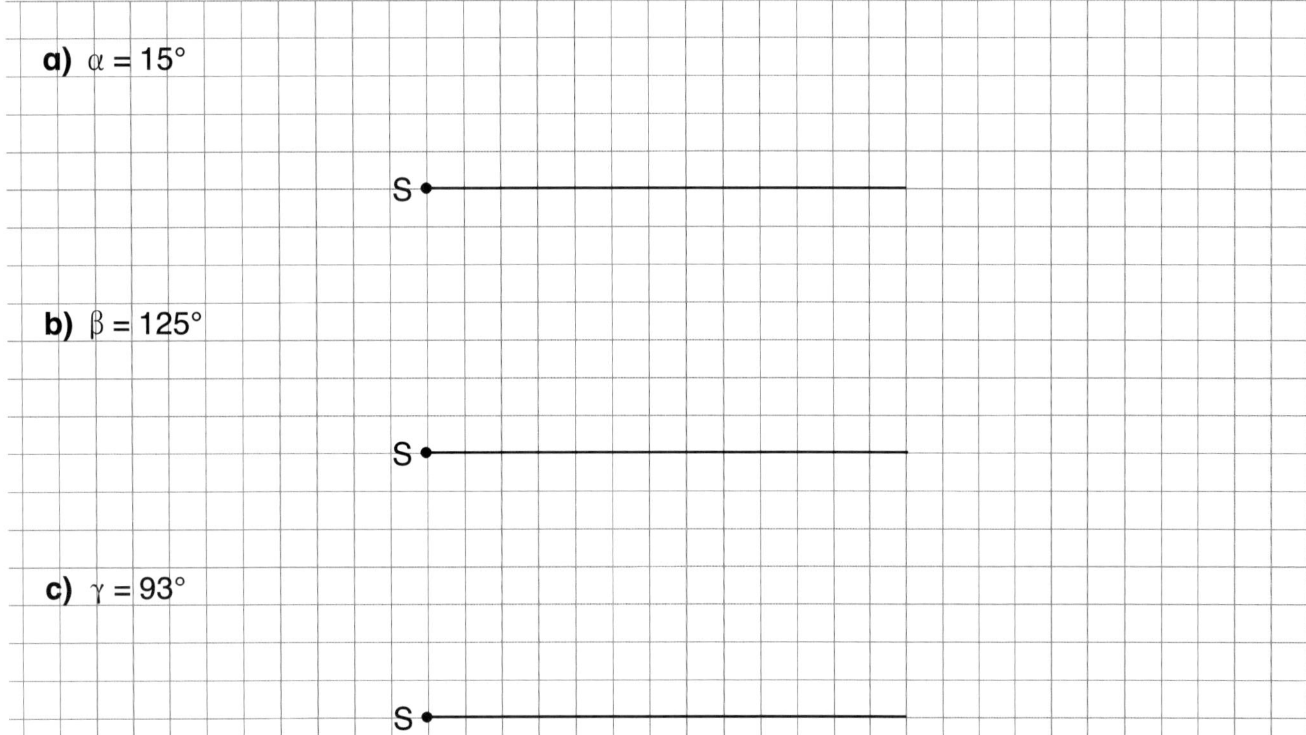

4. Zeichne die rechten Winkel in das Rechteck ein.

Addiere die 4 Winkel und schreibe in die Lücken.

_____° + _________ + _________ + _________ = _________

Regel: Die 4 Winkel in einem Rechteck sind insgesamt _________ groß.

Winkel

1. a)
- ☐ spitzer Winkel
- ☒ rechter Winkel
- ☐ stumpfer Winkel
- ☐ überstumpfer Winkel

b)
- ☐ spitzer Winkel
- ☐ rechter Winkel
- ☐ stumpfer Winkel
- ☒ überstumpfer Winkel

c)
- ☐ spitzer Winkel
- ☐ rechter Winkel
- ☒ stumpfer Winkel
- ☐ überstumpfer Winkel

d)
- ☒ spitzer Winkel
- ☐ rechter Winkel
- ☐ stumpfer Winkel
- ☐ überstumpfer Winkel

2. a) α = 60 ° **b)** β = 20 ° **c)** γ = 130 ° **d)** δ = 170 °

3.

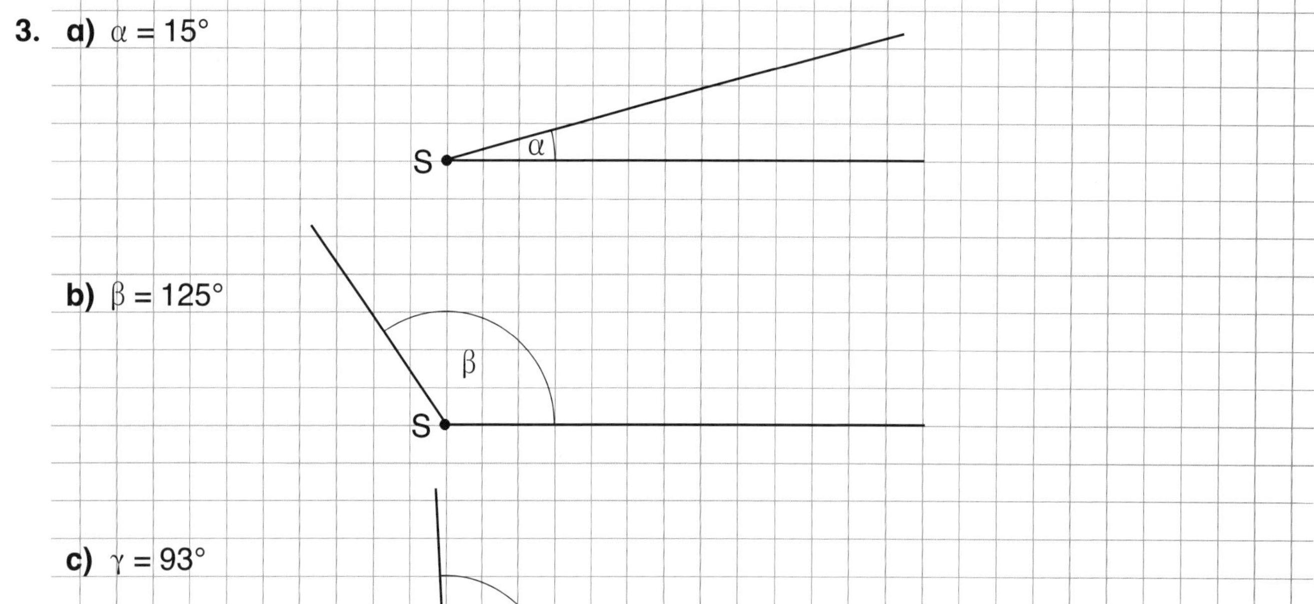

4.

90 ° + 90° + 90° + 90° = 360°

Regel: Die 4 Winkel in einem Rechteck sind insgesamt 360° groß.

1. Faisal misst (→ messen) die Größe eines Winkels mit dem Geodreieck.

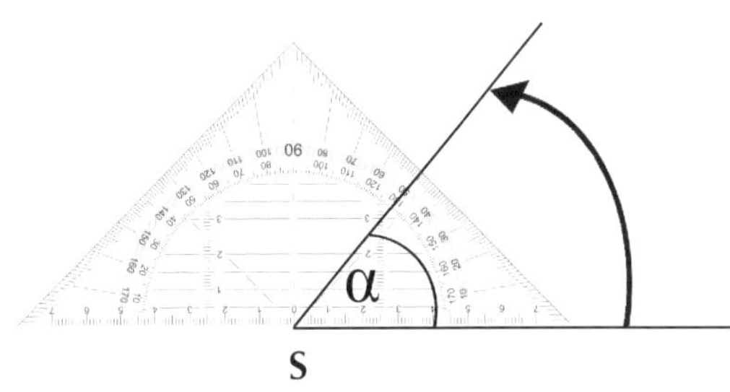

Miss die Winkel mit dem Geodreieck und schreibe in die Lücken.

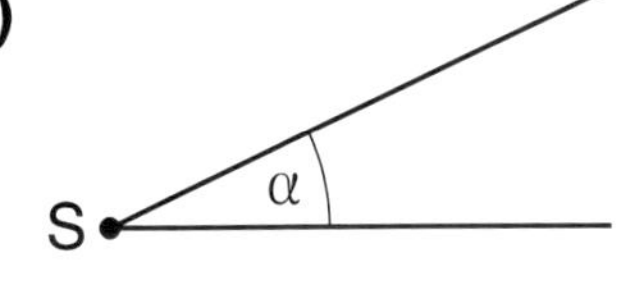

α = ______

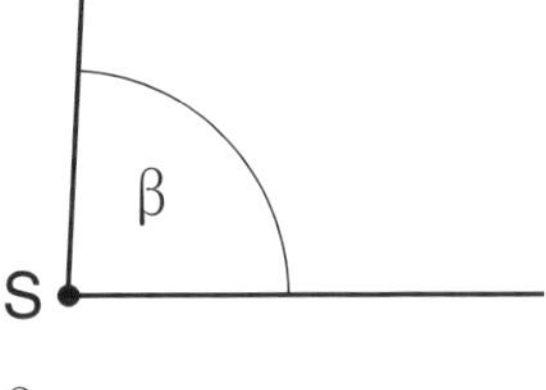

β = ______

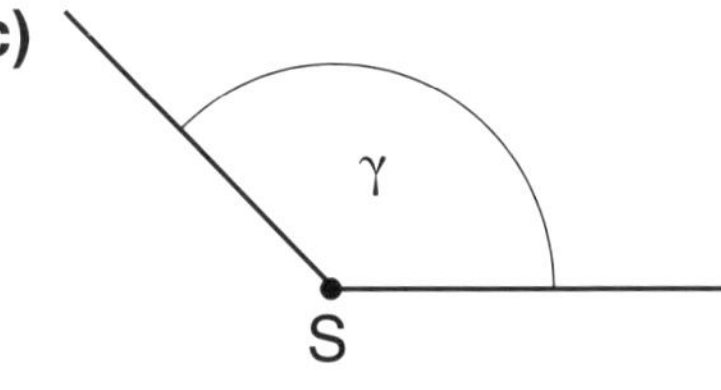

γ = ______

2. Faisal zeichnet einen Winkel mit 70°.

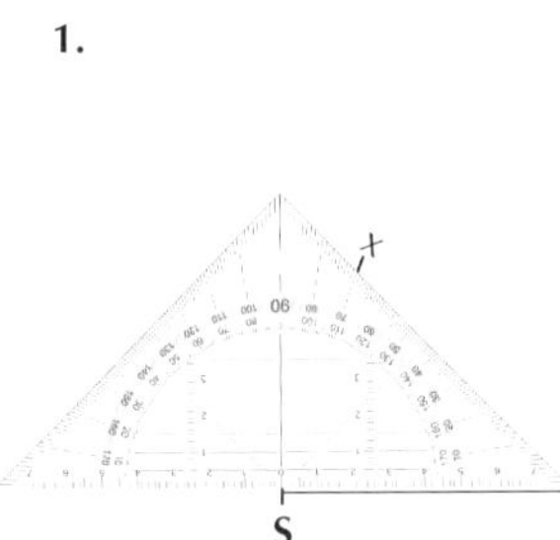

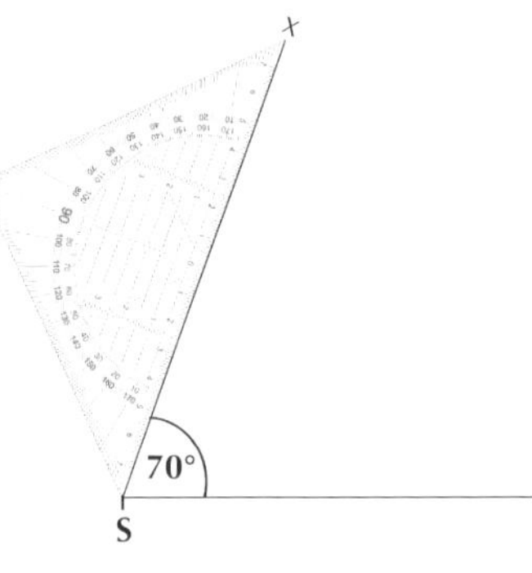

Zeichne die Winkel mit einem spitzen Bleistift ein.

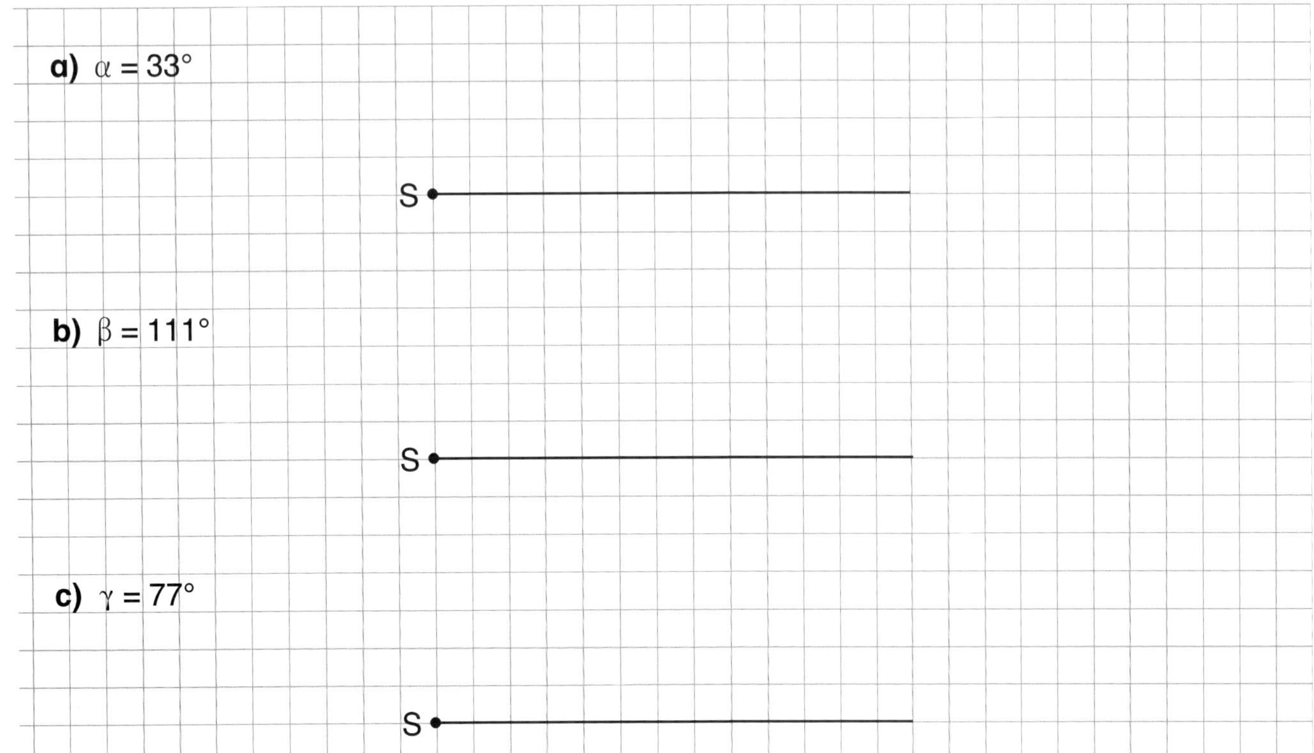

3. Der Lehrer zeichnet an der Tafel einen überstumpfen Winkel.

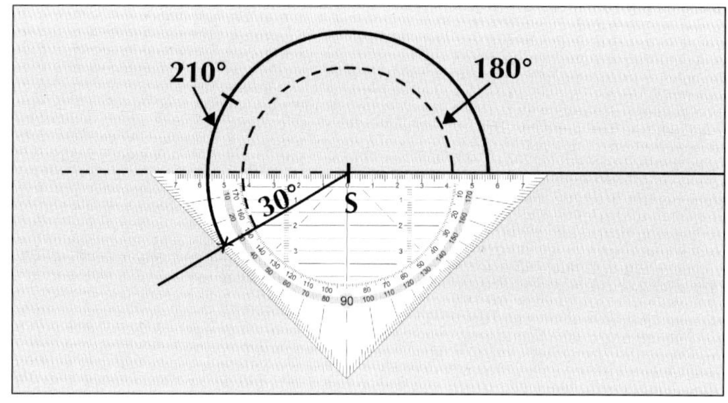

Miss (→ messen) die Winkel und verbinde die richtigen Kästchen mit einem Buntstift.

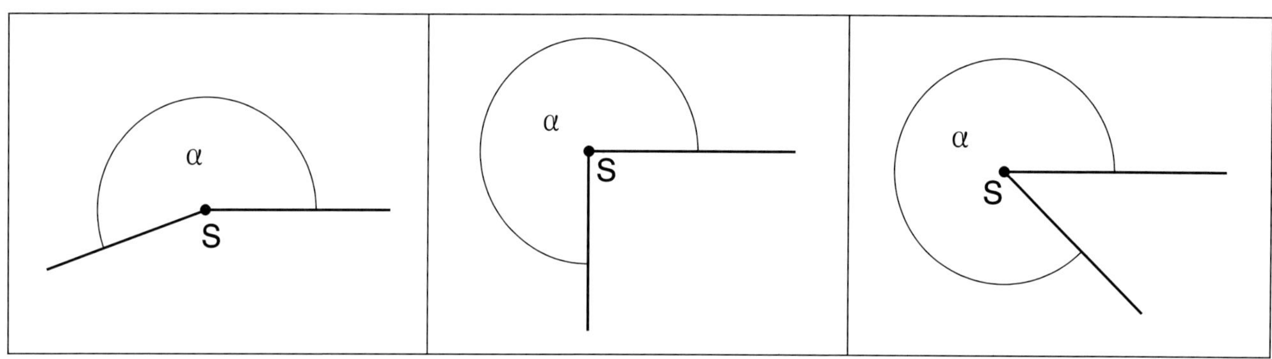

α = 270°	α = 315°	α = 200°

4. Betrachte die Erklärungen. Verbinde mit dem richtigen Winkel.

spitzer Winkel	rechter Winkel	stumpfer Winkel	gestreckter Winkel
0° < α < 90°	α = 90°	90° < α < 180°	α = 180°

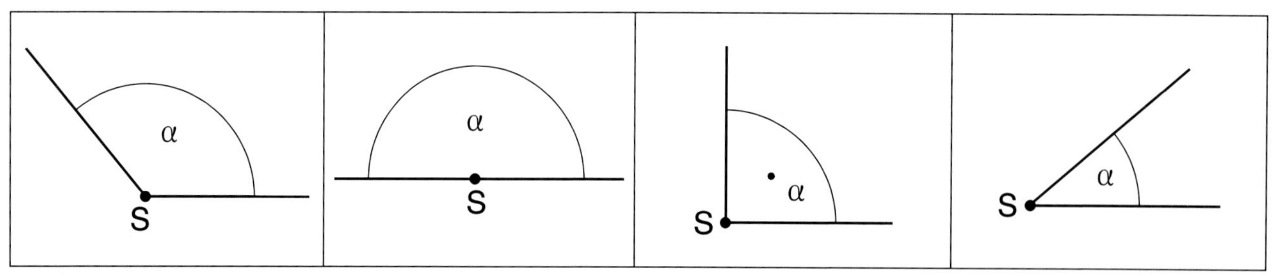

Winkel

1. a) α = 25° **b)** β = 87° **c)** γ = 135°

2.

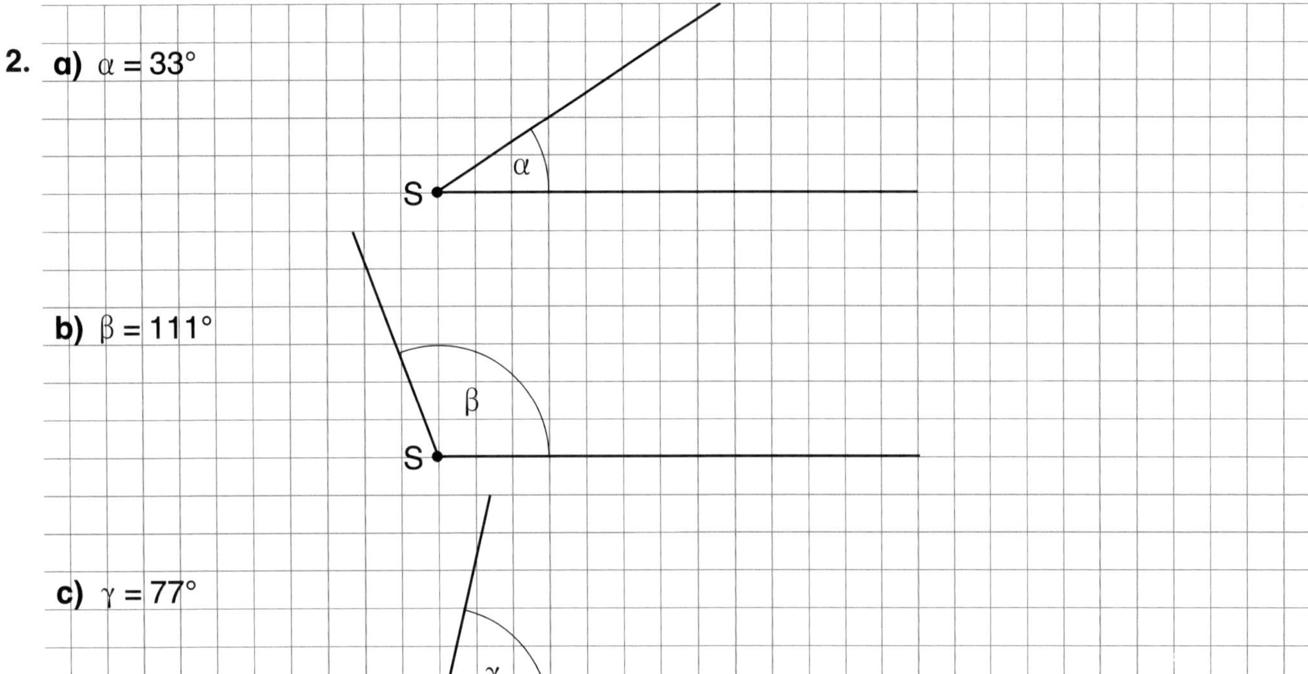

3.

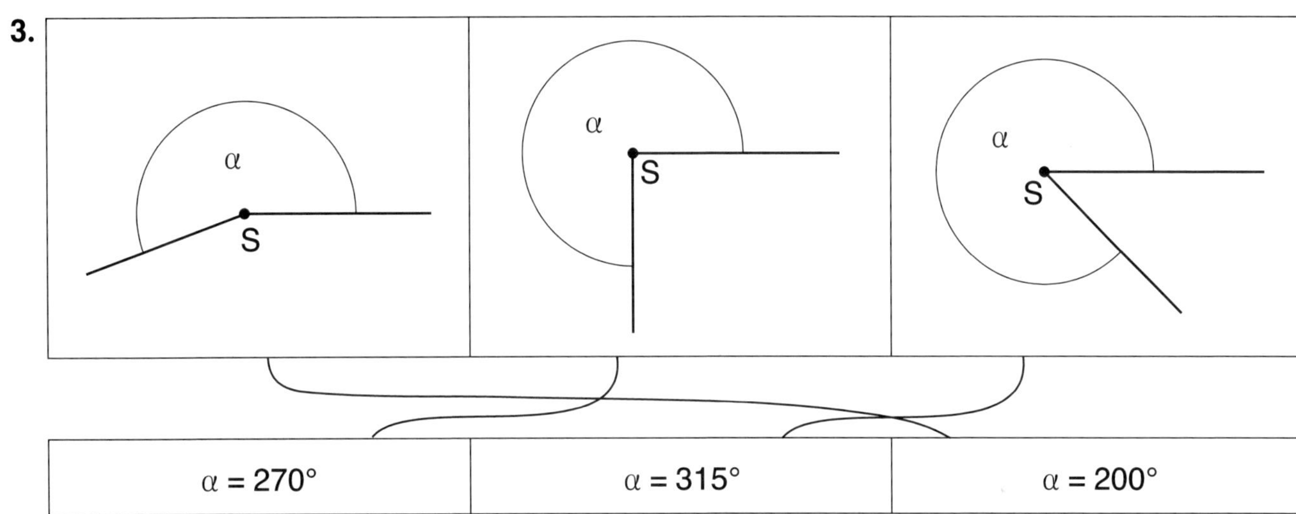

4.

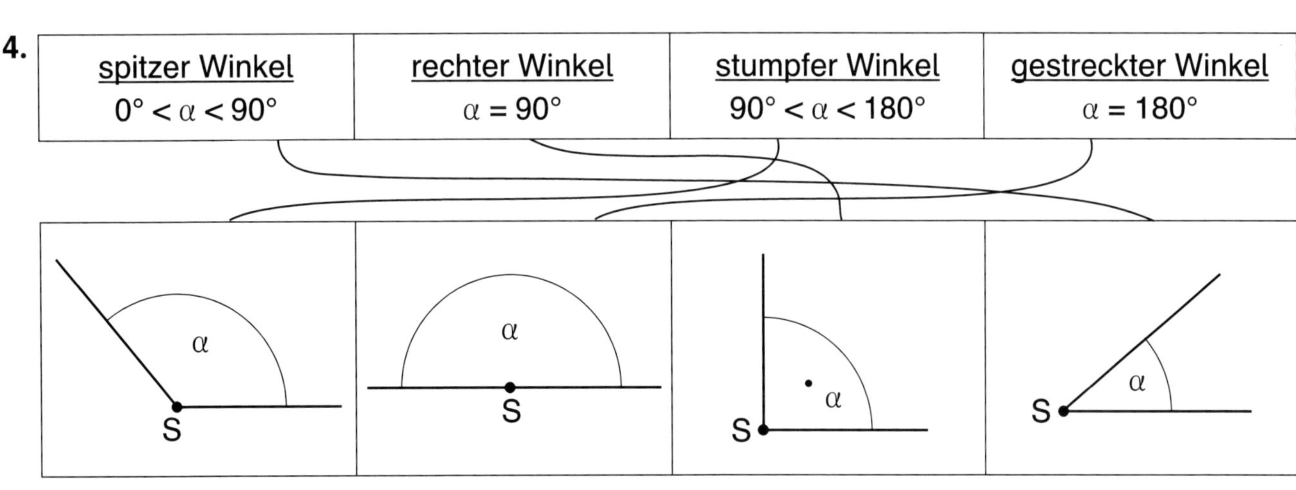